工伤预防宣传手册

《工伤预防宣传手册》编委会 编

中国劳动社会保障出版社

图书在版编目（CIP）数据

工伤预防宣传手册/《工伤预防宣传手册》编委会编． -- 北京：中国劳动社会保障出版社，2019
ISBN 978-7-5167-3959-4

Ⅰ．①工… Ⅱ．①工… Ⅲ．①工伤事故–事故预防–手册 Ⅳ．①X928.03-62

中国版本图书馆 CIP 数据核字（2019）第 061484 号

中国劳动社会保障出版社出版发行

（北京市惠新东街 1 号　邮政编码：100029）

*

三河市华骏印务包装有限公司印刷装订　新华书店经销
880 毫米 × 1230 毫米　32 开本　4.375 印张　91 千字
2019 年 4 月第 1 版　2024 年 3 月第 14 次印刷

定价：15.00 元

营销中心电话：400-606-6496
出版社网址：http://www.class.com.cn

版权专有　　侵权必究

如有印装差错，请与本社联系调换：（010）81211666
我社将与版权执法机关配合，大力打击盗印、销售和使用盗版图书活动，敬请广大读者协助举报，经查实将给予举报者奖励。

举报电话：（010）64954652

《工伤预防宣传手册》编委会

主 任 汪建锋

副 主 任 佟瑞鹏 周慧文 梁培志

编写人员 汪建锋 佟瑞鹏 周慧文

　　　　 梁培志 高　麟 刘国平

前　言

工伤事故的发生会给职工、职工家属、用人单位带来难以弥补的伤害和损失，甚至造成恶劣的社会影响。因此，严格遵守《中华人民共和国社会保险法》《工伤保险条例》等法律法规，全面推进工伤预防，贯彻执行工伤保险政策，主动面向社会进行工伤保险政策宣传和办事指引，是政府和全社会的共同责任，更是落实习近平总书记"以最广大人民根本利益为最高标准""必须坚持以人民为中心"的发展思想的重要举措。

为了推动工伤保险事业的发展，深入贯彻《工伤保险条例》《关于印发工伤预防费使用管理暂行办法的通知》，推进工伤预防宣传与培训工作，我们组织编写了《工伤预防宣传手册》。本手册以工伤预防为主线，以工伤保险法律法规、规章制度为依据，以解决工伤保险实际问题为出发点，精选了工伤保险基本知识、工伤保险参保缴费、工伤预防、工伤认定、工伤医疗、工伤康复、劳动能力鉴定（确认）、工伤保险待遇等工伤保险常见问题共130个，为读者进行了权威且清晰的政策解答及维权指引。为方便读者对照查询，本书还特别编写了各种伤残情形（含工亡）的工伤保险待遇一览表，并分类列出与工伤保险相关的法律法规、规章、文件目录供读者检索。

在编写《工伤预防宣传手册》过程中，邀请了高校、科研院所、有关行政单位和企业的专家学者组成编委会，根据各自优势编写内容。希望本手册能为普及工伤保险知识,促进工伤预防工作,协助广大劳动者了解相关法律法规,提高工伤事故预防和应对处理能力尽一份力量。由于编者水平有限,编写时间仓促,本书不足之处在所难免,敬请读者批评指正。

《工伤预防宣传手册》编委会
2019年4月

目 录

工伤保险基本知识 ·················1
1. 为什么要建立工伤保险制度? ············1
2. 关于工伤保险有哪些主要法律法规? ········1
3. 企业职工为什么必须参加工伤保险? ········1
4. 参加工伤保险有什么好处? ·············2
5. 参加工伤保险,职工个人需要缴费吗? ······3
6. 职工发生工伤后该如何处理? ············3
7. 工伤保险有哪些权益保障内容? ··········5
8. 获得工伤保险权益保障有哪些前提条件? ····5
9. 工伤保险权益维护的主要情形及途径有哪些? ····6
10. 如何联系社会保险部门咨询或者处理工伤问题? ····7

工伤保险参保缴费 ················9
11. 哪些单位职工需要参加工伤保险? ········9
12. 用人单位工伤保险缴费费率是怎样规定的? ···· 10
13. 用人单位工伤保险缴费费率如何浮动? ····· 12
14. 工伤保险缴费情况应当如何公示? ········ 13
15. 在两个或两个以上用人单位同时就业的职工如何参加工伤保险? ······················· 14
16. 用人单位注册地与生产经营地不在同一统筹地区如何参加工伤保险? ················· 14
17. 职工被派遣出境工作如何参加工伤保险? ···· 15
18. 派遣用工如何参加工伤保险? ··········· 15

19. 建筑业用工人员如何参加工伤保险？ ……………… 16
20. 农民工如何参加工伤保险？ …………………………… 17
21. 对有关社会保险费征缴的违法行为如何举报？ … 17

工伤预防 ……………………………………………………… 18
22. 什么是工伤预防？ ……………………………………… 18
23. 工伤预防的目的是什么？ ……………………………… 18
24. 为什么要做好工伤预防工作？ ………………………… 19
25. 工伤预防费可用于哪些项目的支出？ ………………… 20
26. 职工有哪些工伤预防的法定权利？ …………………… 20
27. 职工有哪些工伤预防和工伤保险的法定义务？ … 21

工伤认定 ……………………………………………………… 23
28. 什么是工伤认定？ ……………………………………… 23
29. 哪些情形可以认定为工伤？ …………………………… 23
30. 哪些情形可以视同工伤？ ……………………………… 24
31. 哪些情形不得认定为工伤或者视同工伤？ ………… 24
32. 工伤认定对申请人有何要求？ ………………………… 25
33. 工伤认定对申请时限有何要求？ ……………………… 26
34. 提出工伤认定申请应当提交哪些材料？ …………… 27
35. 工伤认定申请的受理机构如何确定？ ……………… 29
36. 应当如何配合工伤认定调查核实？ ………………… 29
37. 职工或者其近亲属认为是工伤但用人单位不认为是
    工伤怎么办？ …………………………………………… 30
38. 工伤认定中止有何规定？ ……………………………… 30
39. 对工伤认定结论作出的时限有何要求？ …………… 30

40. 工伤认定结论如何送达? …… 31
41. 职工参加用人单位组织或者受用人单位指派参加其他单位组织的活动受伤的如何确定工作原因? …… 31
42. 职工在工作时间和工作场所内，因履行工作职责受到暴力等意外伤害如何认定? …… 31
43. 因工外出期间受到伤害或者发生事故下落不明的如何认定? …… 32
44. 在上下班途中受到非本人主要责任的交通事故或者城市轨道交通、客运轮渡、火车事故伤害的如何认定? …… 33
45. 在工作时间和工作岗位，突发疾病死亡的如何认定? …… 35
46. 因战、因公负伤致残旧伤复发的如何认定? …… 35
47. 故意犯罪的如何认定? …… 35
48. 醉酒或者吸毒的如何认定? …… 36
49. 自残或者自杀的如何认定? …… 37
50. 退休后被诊断或鉴定为职业病的人员如何认定? …… 37
51. 达到或超过法定退休年龄的如何认定? …… 38
52. 农民工受到事故伤害或患职业病后如何认定? …… 38
53. 承包经营的如何认定? …… 39
54. 转包、分包的如何认定? …… 39
55. 单位分立、合并、转让的如何认定? …… 39
56. 借调期间发生工伤如何认定? …… 39
57. 职工在两个或两个以上用人单位同时就业如何认定? …… 40

58. 用人单位注册地与生产经营地不在同一统筹地区如何认定? ………… 40
59. 工伤认定申请时限延误如何处理? ………… 40
60. 对工伤认定结论不服如何处理? ………… 41
61. 用人单位拒不协助事故伤害调查核实如何处理?
 ………… 42

工伤医疗 ………… 43

62. 工伤职工选择就诊医院有何要求? ………… 43
63. 对工伤职工异地就医有何要求? ………… 43
64. 对工伤医疗报销范围管理有何要求? ………… 43
65. 对职业病患者的急救有何要求? ………… 44
66. 哪些医疗费用工伤保险基金不予支付? ………… 45
67. 对工伤医疗费用报销有何要求? ………… 46

工伤康复 ………… 47

68. 工伤职工选择康复医院有何要求? ………… 47
69. 对工伤康复住院标准有何要求? ………… 47
70. 对工伤康复住院时限有何要求? ………… 48
71. 对工伤康复出院标准有何要求? ………… 49
72. 工伤康复治疗如何申请? ………… 49
73. 工伤康复延期审批如何规定? ………… 50
74. 工伤康复服务项目包括哪些? ………… 50
75. 工伤康复服务规范包括哪些? ………… 50

劳动能力鉴定（确认） 51

76. 什么是劳动能力鉴定？ 51
77. 劳动能力鉴定包括哪些内容？ 51
78. 什么是功能障碍？ 51
79. 什么是生活自理障碍？ 52
80. 对劳动能力鉴定的申请时限有何要求？ 53
81. 劳动能力鉴定标准是什么？ 53
82. 劳动能力鉴定对申请人有何要求？ 54
83. 劳动能力鉴定对申请材料有何要求？ 54
84. 劳动能力鉴定对现场鉴定有何要求？ 55
85. 对行动不便的职工如何采取方便的鉴定方式？ 56
86. 对因故不能按时参加现场鉴定的如何处理？ 56
87. 哪些情形下劳动能力现场鉴定应终止？ 57
88. 劳动能力鉴定对结论作出期限有何规定？ 57
89. 劳动能力鉴定对结论送达有何要求？ 57
90. 劳动能力鉴定医疗依赖如何分级？ 58
91. 因工死亡职工供养亲属的劳动能力鉴定依据是什么？ 58
92. 单位或者个人对鉴定结论不服如何处理？ 58
93. 申请再次鉴定对材料有何要求？ 58
94. 单位或者个人认为伤残情况发生变化的如何处理？ 59
95. 对劳动能力鉴定复查鉴定结论不服的如何处理？ 59
96. 拒不接受劳动能力鉴定对待遇有何影响？ 60
97. 劳动能力确认项目包括哪些？ 60

98. 辅助器具配置对申请人有何规定？ …………… 61
99. 辅助器具配置中弄虚作假会被怎样处理？ ……… 61

工伤保险待遇 …………………………………… 62
100. 工伤保险待遇项目及政策依据如何规定？ …… 62
101. 工伤保险待遇的具体项目及条件如何规定？ …… 63
102. 工伤后就医及费用报销有何要求？ …………… 67
103. 工伤治疗期间享受哪些待遇和生活护理费用？ … 68
104. 一级至四级伤残职工有哪些工伤保险待遇？ … 68
105. 五级、六级伤残职工有哪些工伤保险待遇？ … 69
106. 七级至十级伤残职工有哪些工伤保险待遇？ … 69
107. 职工因工死亡有哪些工伤保险待遇？ ………… 70
108. 哪些情形下应当停止享受工伤保险待遇？ …… 70
109. 未参加工伤保险的职工工伤保险待遇由谁支付？
 ……………………………………………………… 71
110. 工伤保险待遇对申请人有何规定？ …………… 72
111. 停工留薪期的工伤保险有何规定？ …………… 73
112. 工伤保险待遇核定中的"本人工资"标准如何
 确定？ …………………………………………… 73
113. 工伤保险待遇所需"上一年度相关数据"尚未
 公布如何处理？ ………………………………… 73
114. 工伤复发可享受哪些工伤保险待遇？ ………… 74
115. 职工因战、因公负伤致残，到用人单位后旧伤
 复发的工伤保险待遇如何发放？ ……………… 75
116. 未及时提交工伤认定申请的工伤保险待遇如何
 处理？ …………………………………………… 75

117. 达到或超过法定退休年龄的工伤保险待遇如何处理? ………… 75
118. 领取伤残津贴的工伤职工达到退休年龄后工伤保险待遇如何处理? ………… 76
119. 一级至四级工伤职工死亡的丧葬补助金、抚恤金待遇如何确定? ………… 76
120. 职工多次发生工伤的工伤保险待遇如何处理? … 77
121. 离开工作岗位后被诊断或鉴定为职业病的如何处理? ………… 77
122. 工伤保险长期待遇能否一次性支付? ………… 78
123. 企业破产、分立、合并、转让的工伤保险待遇如何处理? ………… 79
124. 供养亲属抚恤金中的供养亲属具体范围是什么? ………… 79
125. 工伤保险供养亲属抚恤金和职工基本养老保险抚恤金待遇如何选择? ………… 80
126. 一级至四级伤残职工停工留薪期满死亡的待遇如何处理? ………… 81
127. 用人单位承担的工伤保险待遇项目及政策依据是什么? ………… 81
128. 职工多次发生工伤的一次性伤残就业补助金如何计发? ………… 82
129. 工伤保险待遇先行支付有哪些适用情形? ………… 82
130. 未参保职工参保如何补缴有关费用? ………… 83

附录

附录1 不同伤残等级情况下的工伤保险待遇 ········ 85
附录2 工伤保险相关法律法规、规章、文件目录 ··· 97
附录3 中华人民共和国社会保险法（节选）········ 105
附录4 工伤保险条例 ···································· 108

工伤保险基本知识

1. 为什么要建立工伤保险制度?

根据《中华人民共和国社会保险法》(以下简称《社会保险法》)第二条、《工伤保险条例》第一条规定,国家建立工伤保险制度的目的是保障因工作遭受事故伤害或者患职业病的职工获得医疗救治和经济补偿,促进工伤预防和职业康复,分散用人单位的工伤风险。建立工伤保险制度,可保障职工在发生工伤情况下依法从国家和社会获得物质帮助的权利。

2. 关于工伤保险有哪些主要法律法规?

工伤保险法律法规主要包括《社会保险法》(中华人民共和国主席令第35号)、《工伤保险条例》(中华人民共和国国务院令第375号公布,第586号修订)、《实施〈中华人民共和国社会保险法〉若干规定》(人力资源和社会保障部令第13号)等,主要相关法律法规、规章、文件有87件(详见附录2)。

3. 企业职工为什么必须参加工伤保险?

(1) 根据《社会保险法》第三十三条规定,职工应当参加工伤保险,由用人单位缴纳工伤保险费,职工不缴纳工伤保险费。

(2)《工伤保险条例》第二条规定:"中华人民共和

国境内的企业、事业单位、社会团体、民办非企业单位、基金会、律师事务所、会计师事务所等组织和有雇工的个体工商户（以下称用人单位）应当依照本条例规定参加工伤保险，为本单位全部职工或者雇工（以下称职工）缴纳工伤保险费。"

4. 参加工伤保险有什么好处？

依法为职工参加工伤保险，是《社会保险法》《工伤保险条例》明确规定的用人单位责任。职工参加工伤保险后，能够更方便纳入社会保险管理，享受到工伤预防及各项社会保险服务。

已参加工伤保险的职工发生工伤后，不仅可以按照《工伤保险条例》规定及时、足额享受由工伤保险基金发放的各项工伤保险待遇，而且在相关部门的监管、督促下，能有效保障工伤职工及时、足额获得法律法规规定的由用人单位支付的待遇，以及相关安排，从而解决职工发生工伤后维权困难、待遇落实难、长期待遇得不到保障等问题。

5. 参加工伤保险，职工个人需要缴费吗？

（1）根据《社会保险法》第三十三条、《工伤保险条例》第十条规定，职工参加工伤保险，所有费用由用人单位缴纳，职工个人不缴费。

（2）根据《社会保险法》第四条规定，中华人民共和国境内的用人单位和个人依法缴纳社会保险费，个人依法享受社会保险待遇，有权监督本单位为其缴费情况。

6. 职工发生工伤后该如何处理？

职工发生工伤后的处理依照法律法规的规定遵循一定的步骤进行，具体如图 1 所示。

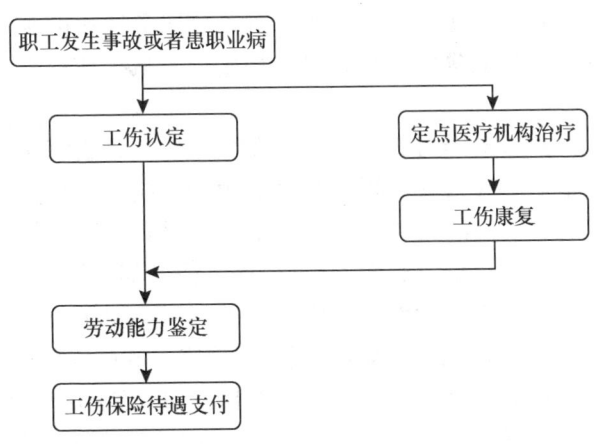

图 1　发生工伤事故后的简要处理流程图

（1）工伤认定。职工发生事故伤害或者按照职业病防治法规定被诊断、鉴定为职业病，所在用人单位自事故伤害发生之日或者被诊断、鉴定为职业病之日起30日内（工伤职工或者其近亲属、工会组织在事故伤害发生之日或者被诊断、鉴定为职业病之日起1年内），向统筹地区社会保险行政部门提出工伤认定申请，并按照《工伤保险条例》第十八条规定提交相关申请材料，具体包括：工伤认定申请表、与用人单位存在劳动关系（包括事实劳动关系）的证明材料、医疗诊断证明或者职业病诊断证明书（或者职业病诊断鉴定书）等。

（2）工伤医疗。职工因工作遭受事故伤害或者患职业病进行治疗，享受工伤医疗待遇。职工治疗工伤应当在签订服务协议的医疗机构就医，情况紧急时可以先到就近的医疗机构急救。参保职工治疗工伤所需费用符合工伤保险诊疗项目目录、工伤保险药品目录、工伤保险住院服务标准的，从工伤保险基金支付。

（3）工伤康复。工伤职工到签订服务协议的医疗机构进行工伤康复的费用，符合规定的，从工伤保险基金支付。

（4）劳动能力鉴定。职工发生工伤，经治疗伤情相对稳定后存在残疾、影响劳动能力的，应当进行劳动能力鉴定。设区的市级劳动能力鉴定委员会应当自收到劳动能力鉴定申请之日起60日内作出劳动能力鉴定结论，必要时，作出劳动能力鉴定结论的期限可以延长30日。劳动能力鉴定结论应当及时送达申请鉴定的单位和个人。

（5）工伤保险待遇。已经参加工伤保险的职工受到事故伤害或者经诊断、鉴定为职业病后认定为工伤的，按照《工伤保险条例》规定享受各项工伤保险待遇。

工伤保险待遇包括工伤医疗期间待遇、工伤医疗终结后一次性发放的待遇、工伤医疗终结后定期发放的待遇及因工死亡待遇等。

7. 工伤保险有哪些权益保障内容？

（1）职工。职工依法享受各项工伤保险待遇，包括依法参加工伤保险，具有知情权和获得工伤预防知识培训，发生事故后能享受相应的救治、处置及待遇等权益，对各项待遇、处置不服的，享有按规定救济途径进行处理的权利等。

（2）用人单位。用人单位按规定为职工参加工伤保险并及时足额缴纳工伤保险费之后，可获得工伤保险基金提供的各项工伤保险待遇，对相关待遇、处置、处理不服的，有按照规定救济途径进行处理的权利等。

8. 获得工伤保险权益保障有哪些前提条件？

工伤保险权益的保障，是建立在严格按照法律法规、规章制度及业务办理指引执行工伤保险政策及办理工伤保险业务手续的前提之下的。实现工伤保险权益保障的主要前提包括：

（1）依法参加工伤保险并按规定及时足额缴纳工伤保险费。

（2）按要求办理工伤保险业务的相关手续，并提交相应证据材料，积极配合调查。

（3）对工伤保险处理或决定不服的，在规定时限内按规定救济途径解决争议。

9.工伤保险权益维护的主要情形及途径有哪些?

（1）未依法参加工伤保险并缴费的

1）根据《工伤保险条例》第五十五条规定，对经办机构确定的单位缴费费率不服的，有关单位或者个人可以依法申请行政复议，也可以依法向人民法院提起行政诉讼。

2）根据《社会保险费征缴暂行条例》（中华人民共和国国务院令第259号）第二十五条规定，缴费单位和缴费个人对劳动保障行政部门或者税务机关的处罚决定不服的，可以依法申请复议；对复议决定不服的，可以依法提起诉讼。

（2）对工伤认定结论不服的。根据《工伤认定办法》（人力资源和社会保障部令第8号）第二十三条规定，职工或者其近亲属、用人单位对不予受理决定不服或者对工伤认定决定不服的，可以依法申请行政复议或者提起行政诉讼。

（3）未按业务办理要求办理业务及提交资料的。根据《工伤保险条例》第十七条规定，职工发生事故伤害或者按照职业病防治法规定被诊断、鉴定为职业病，用人单位未在本条第一款规定的时限内提交工伤认定申请，在此期间发生符合本条例规定的工伤待遇等有关费用由该用人单位负担。

（4）对工伤保险待遇支付事项不服的。根据《工伤保险条例》第五十五条规定，工伤职工或者其近亲属对经办机构核定的工伤保险待遇有异议的，有关单位或者个人可以依法申请行政复议，也可以依法向人民法院提起行政诉讼。

10. 如何联系社会保险部门咨询或者处理工伤问题？

目前，社会保险部门采取了多种方式提供社会保险咨询服务。除了可以直接前往当地的人力资源社会保障行政部门或经办机构窗口现场咨询办理相关业务外，还可以拨打人力资源和社会保障服务电话12333（或拨打当地政府服务热线12345），也可以根据当地的实际情况，通过计算机、手机访问社会保险部门主页、微信公众号或政务大厅App等咨询、查询、处理工伤保险业务。

工伤保险参保缴费

11. 哪些单位职工需要参加工伤保险？

（1）《工伤保险条例》第二条规定："中华人民共和国境内的企业、事业单位、社会团体、民办非企业单位、基金会、律师事务所、会计师事务所等组织和有雇工的个体工商户（以下称用人单位）应当依照本条例规定参加工伤保险，为本单位全部职工或者雇工（以下称职工）缴纳工伤保险费。"

（2）根据《人力资源社会保障部 住房城乡建设部 安全监管总局 全国总工会关于进一步做好建筑业工伤保险工作的意见》（人社部发〔2014〕103号）第一条规定，建筑施工企业应依法参加工伤保险。针对建筑行业的特点，建筑施工企业对相对固定的职工，应按用人单位参加工伤保险；对不能按用人单位参保、建筑项目使用的建筑业职工特别是农民工，按项目参加工伤保险。

（3）根据《人力资源社会保障部 交通运输部 水利部 能源局 铁路局 民航局关于铁路、公路、水运、水利、能源、机场工程建设项目参加工伤保险工作的通知》（人社部发〔2018〕3号）第三条规定，建筑施工企业相对固定的职工，应按用人单位参加工伤保险。不能按用人单位参加工伤保险的职工特别是短期雇佣的农民工，应按项目优先参加工伤保险，一般应由施工项目总承包单位或项目标段合同承建单位按照劳动雇佣关系一次性代缴本项目工伤保险费，覆盖项目使用的所有职工，包括专业承包单位、劳务分包单位使用的农民工。

12. 用人单位工伤保险缴费费率是怎样规定的?

根据《关于调整工伤保险费率政策的通知》(人社部发〔2015〕71号)第一条规定,关于行业工伤风险类别划分,按照《国民经济行业分类》(GB/T 4754—2011)对行业的划分,根据不同行业的工伤风险程度,由低到高,依次将行业工伤风险类别划分为一类至八类,详见表1。

表1　　　　　工伤保险行业风险分类表

行业类别	行业名称
一	软件和信息技术服务业,货币金融服务,资本市场服务,保险业,其他金融业,科技推广和应用服务业,社会工作,广播、电视、电影和影视录音制作业,中国共产党机关,国家机构,人民政协、民主党派,社会保障,群众团体、社会团体和其他成员组织,基层群众自治组织,国际组织

续表

行业类别	行业名称
二	批发业，零售业，仓储业，邮政业，住宿业，餐饮业，电信、广播电视和卫星传输服务，互联网和相关服务，房地产业，租赁业，商务服务业，研究和试验发展，专业技术服务业，居民服务业，其他服务业，教育，卫生，新闻和出版业，文化艺术业
三	农副食品加工业，食品制造业，酒、饮料和精制茶制造业，烟草制品业，纺织业，木材加工和木、竹、藤、棕、草制品业，文教、工美、体育和娱乐用品制造业，计算机、通信和其他电子设备制造业，仪器仪表制造业，其他制造业，水的生产和供应业，机动车、电子产品和日用产品修理业，水利管理业，生态保护和环境治理业，公共设施管理业，娱乐业
四	农业，畜牧业，农、林、牧、渔服务业，纺织服装、服饰业，皮革、毛皮、羽毛及其制品和制鞋业，印刷和记录媒介复制业，医药制造业，化学纤维制造业，橡胶和塑料制品业，金属制品业，通用设备制造业，专用设备制造业，汽车制造业，铁路、船舶、航空航天和其他运输设备制造业，电气机械和器材制造业，废弃资源综合利用业，金属制品、机械和设备修理业，电力、热力生产和供应业，燃气生产和供应业，铁路运输业，航空运输业，管道运输业，体育
五	林业，开采辅助活动，家具制造业，造纸和纸制品业，建筑安装业，建筑装饰和其他建筑业，道路运输业，水上运输业，装卸搬运和运输代理业
六	渔业，化学原料和化学制品制造业，非金属矿物制品业，黑色金属冶炼和压延加工业，有色金属冶炼和压延加工业，房屋建筑业，土木工程建筑业

续表

行业类别	行业名称
七	石油和天然气开采业,其他采矿业,石油加工、炼焦和核燃料加工业
八	煤炭开采和洗选业,黑色金属矿采选业,有色金属矿采选业,非金属矿采选业

13. 用人单位工伤保险缴费费率如何浮动?

根据《关于调整工伤保险费率政策的通知》第二条规定,不同工伤风险类别的行业执行不同的工伤保险行业基准费率。各行业工伤风险类别对应的全国工伤保险行业基准费率为,一类至八类分别控制在该行业用人单位职工工资总额的0.2%、0.4%、0.7%、0.9%、1.1%、1.3%、1.6%、1.9%左右。

通过费率浮动的办法确定每个行业内的费率档次。一类行业分为三个档次,即在基准费率的基础上,可向上浮动至120%、150%,二类至八类行业分为五个档次,即在基准费率的基础上,可分别向上浮动至120%、150%或向下浮动至80%、50%。

各统筹地区人力资源社会保障部门会同财政部门,按照"以支定收、收支平衡"的原则,合理确定本地区工伤保险行业基准费率具体标准,并征求工会组织、用人单位代表的意见,报统筹地区人民政府批准后实施。基准费率的具体标准可根据统筹地区经济产业结构变动、工伤保险费使用等情况适时调整。

14. 工伤保险缴费情况应当如何公示？

（1）根据《工伤保险条例》第四条规定，用人单位应当将参加工伤保险的有关情况在本单位内公示。

(2) 根据《社会保险法》第四条规定，中华人民共和国境内的用人单位和个人依法缴纳社会保险费，个人有权监督本单位为其缴费情况。

15. 在两个或两个以上用人单位同时就业的职工如何参加工伤保险？

根据《劳动和社会保障部关于实施〈工伤保险条例〉若干问题的意见》（劳社部函〔2004〕256号）第一条规定，职工在两个或两个以上用人单位同时就业的，各用人单位应当分别为职工缴纳工伤保险费。职工发生工伤，由职工受到伤害时其工作的单位依法承担工伤保险责任。

16. 用人单位注册地与生产经营地不在同一统筹地区如何参加工伤保险？

根据《人力资源社会保障部关于执行〈工伤保险条例〉若干问题的意见（二）》（人社部发〔2016〕29号）

第七条规定，用人单位注册地与生产经营地不在同一统筹地区的，原则上应在注册地为职工参加工伤保险；未在注册地参加工伤保险的职工，可由用人单位在生产经营地为其参加工伤保险。

17. 职工被派遣出境工作如何参加工伤保险？

根据《工伤保险条例》第四十四条规定，职工被派遣出境工作，依据前往国家或者地区的法律应当参加当地工伤保险的，参加当地工伤保险，其国内工伤保险关系中止；不能参加当地工伤保险的，其国内工伤保险关系不中止。

18. 派遣用工如何参加工伤保险？

（1）根据《劳务派遣暂行规定》（人力资源和社会保障部令第22号）第八条规定，劳务派遣单位有义务按照国家规定和劳务派遣协议约定，依法为被派遣劳动者缴纳社会保险费，并办理社会保险相关手续。

（2）根据《关于做好工伤保险费率调整工作进一步加强基金管理的指导意见》（人社部发〔2015〕72号）第二条规定，准确确定用人单位适用的行业分类，对劳务派遣企业，可根据被派遣劳动者实际用工单位所在行业，或根据多数被派遣劳动者实际用工单位所在行业，确定其工伤风险类别。

（3）根据《人力资源社会保障部关于执行〈工伤保险条例〉若干问题的意见（二）》第七条规定，劳务派遣单位跨地区派遣劳动者，应根据《劳务派遣暂行规定》参加工伤保险。建筑施工企业按项目参保的，应在施工项目所在地参加工伤保险。

19. 建筑业用工人员如何参加工伤保险?

根据《关于进一步做好建筑业工伤保险工作的意见》规定:

(1) 建筑施工企业应依法参加工伤保险。针对建筑行业的特点,建筑施工企业对相对固定的职工,应按用人单位参加工伤保险;对不能按用人单位参保、建筑项目使用的建筑业职工特别是农民工,按项目参加工伤保险。房屋建筑和市政基础设施工程实行以建设项目为单位参加工伤保险的,可在各项社会保险中优先办理参加工伤保险手续。

(2) 完善工伤保险费计缴方式。按用人单位参保的建筑施工企业应以工资总额为基数依法缴纳工伤保险费。以建设项目为单位参保的,可以按照项目工程总造价的一定比例计算缴纳工伤保险费。

(3) 科学确定工伤保险费率。各地区人力资源社会保障部门应参照本地区建筑企业行业基准费率,按照以支定收、收支平衡原则,商住房城乡建设主管部门合理确定建设项目工伤保险缴费比例。要充分运用工伤保险浮动费率机制,根据各建筑企业工伤事故发生率、工伤保险基金使用等情况适时适当调整费率,促进企业加强安全生产,预防和减少工伤事故。

(4) 确保工伤保险费用来源。建设单位要在工程概算中将工伤保险费用单独列支,作为不可竞争费,不参与竞标,并在项目开工前由施工总承包单位一次性代缴本项目工伤保险费,覆盖项目使用的所有职工,包括专业承包单位、劳务分包单位使用的农民工。

20. 农民工如何参加工伤保险？

根据《关于农民工参加工伤保险有关问题的通知》（劳社部发〔2004〕18号）规定：

（1）凡是与用人单位建立劳动关系的农民工，用人单位必须及时为他们办理参加工伤保险的手续。对用人单位为农民工先行办理工伤保险的，各地经办机构应予办理。

（2）用人单位注册地与生产经营地不在同一统筹地区的，原则上在注册地参加工伤保险。未在注册地参加工伤保险的，在生产经营地参加工伤保险。

21. 对有关社会保险费征缴的违法行为如何举报？

根据《社会保险费征缴暂行条例》第二十一条规定，任何组织和个人对有关社会保险费征缴的违法行为，有权举报。劳动保障行政部门或者税务机关对举报应当及时调查，按照规定处理，并为举报人保密。

工伤预防

22. 什么是工伤预防？

工伤预防是指采用经济、管理和技术等手段，事先防范工伤事故以及职业病的发生，改善和创造有利于安全、健康的工作条件，减少工伤事故以及职业病的隐患，保护劳动者在劳动过程中的安全、健康。

23. 工伤预防的目的是什么？

根据《工伤保险条例》第一条、第四条和《工伤预防费使用管理暂行办法》（人社部规〔2017〕13号）第一条等规定，开展工伤预防的目的是更好地保障职工的生命安全和健康，促进用人单位做好工伤预防工作，降低工伤事故伤害和职业病的发生率，分散用人单位的工伤风险,避免和减少职业病危害。

24. 为什么要做好工伤预防工作?

工伤预防工作是社会保障、工伤保险的重要组成部分,做好工伤预防工作可以实现以下主要目标:

(1) 有效防止职业伤亡。工伤事故和职业病对职工的生命和健康造成极大伤害,而绝大多数工伤事故是可以通过做好预防工作、加强安全管理而避免的。因此,工伤预防是对劳动者的安全、健康最好的保障之一。

(2) 减少财力、物力支出。做好工伤预防工作,可以大大减少因事故而造成的工伤职工救治、康复费用及经济补偿等经济支出,使工伤保险基金的使用进入有效的良性循环。

(3) 有利于企业发展和促进社会稳定。工伤预防工作尤其需要有"红线意识",因为它关系到社会的和谐稳定,关系到企业的经营发展,关系到职工的生命安全和身体健康,最能体现以人民为中心的理念,能从源头上避免工伤事故的发生。做好工伤预防工作,可以有效地促进社会和谐、经济发展、家庭幸福。

25. 工伤预防费可用于哪些项目的支出?

根据《工伤保险条例》《工伤预防费使用管理暂行办法》等有关规定,工伤预防费用于下列项目的支出:
(1) 工伤事故和职业病预防宣传。
(2) 工伤事故和职业病预防培训。

26. 职工有哪些工伤预防的法定权利?

职工依法享有下列工伤预防的权利:
(1) 依法参加工伤保险,由单位及时足额缴纳工伤保险费。
(2) 有权获得工伤预防、安全卫生教育和培训,了解职业危害因素。
(3) 特种作业取得特种作业资格,持证上岗。
(4) 有权获得保障生命安全和身体健康的劳动条件和劳动防护用品。
(5) 有权对用人单位的管理人员违章指挥、强令冒险作业予以拒绝。
(6) 有权对危害生命安全和身体健康的行为提出批评、检举和控告。
(7) 从事接触职业病危害作业的职工有权获得定期职业健康检查。
(8) 发生工伤时,有权得到及时的抢救和治疗。

27. 职工有哪些工伤预防和工伤保险的法定义务?

职工参加工伤保险后,依法享有相关权利,同时也要承担相应的义务,职工在工伤预防和工伤保险方面的主要义务有:

(1) 职工有义务遵守劳动纪律和用人单位的规章制度,服从本单位的工作安排和指挥。

(2) 职工在劳动过程中必须严格遵守安全操作规程,正确使用劳动防护用品,接受工伤预防教育和培训,配合用人单位积极预防工伤事故和职业病的发生。

(3) 职工或者其近亲属提出工伤认定申请和申领工伤保险待遇时,有义务如实反映发生事故和患职业病的有关情况和待遇申领人的相应情况等,当有关部门调查取证时,应当予以配合。

(4) 除紧急情况以外,发生工伤的职工应当到签订服务协议的医疗机构进行救治，对于治疗、康复、鉴定要接受有关机构的安排，并予以配合。

（5）工伤职工经过劳动能力鉴定（确认）完全恢复或者部分恢复劳动能力后，可以安排工作的，要服从用人单位的工作安排。

工伤认定

28. 什么是工伤认定？

工伤认定是指社会保险行政部门根据工伤保险法律法规及相关政策的规定，确定职工受到的伤害，按照规定确定其是否属于应当认定为工伤或视同工伤的情形。

29. 哪些情形可以认定为工伤？

根据《工伤保险条例》第十四条规定，职工有下列情形之一的，应当认定为工伤：

（1）在工作时间和工作场所内，因工作原因受到事故伤害的。

（2）工作时间前后在工作场所内，从事与工作有关的预备性或者收尾性工作受到事故伤害的。

（3）在工作时间和工作场所内，因履行工作职责受到暴力等意外伤害的。

（4）患职业病的。

（5）因工外出期间，由于工作原因受到伤害或者发生事故下落不明的。

（6）在上下班途中，受到非本人主要责任的交通事故或者城市轨道交通、客运轮渡、火车事故伤害的。

（7）法律、行政法规规定应当认定为工伤的其他情形。

30. 哪些情形可以视同工伤?

根据《工伤保险条例》第十五条规定,职工有下列情形之一的,视同工伤:

(1) 在工作时间和工作岗位,突发疾病死亡或者在 48 小时之内经抢救无效死亡的。

(2) 在抢险救灾等维护国家利益、公共利益活动中受到伤害的。

(3) 职工原在军队服役,因战、因公负伤致残,已取得革命伤残军人证,到用人单位后旧伤复发的。

31. 哪些情形不得认定为工伤或者视同工伤?

根据《工伤保险条例》第十六条规定,职工符合本条例第十四条、第十五条的规定,但是有下列情形之一的,不得认定为工伤或者视同工伤:

(1) 故意犯罪的。
(2) 醉酒或者吸毒的。
(3) 自残或者自杀的。

32. 工伤认定对申请人有何要求？

（1）根据《工伤保险条例》第十七条、《工伤认定办法》第五条规定，用人单位、工伤职工或者其近亲属、工会组织均可提出工伤认定申请。

（2）根据《关于实施〈工伤保险条例〉若干问题的意见》第四条规定，《工伤保险条例》第十七条第二款规定的有权申请工伤认定的"工会组织"包括职工所在用人单位的工会组织以及符合《中华人民共和国工会法》规定的各级工会组织。

33. 工伤认定对申请时限有何要求?

（1）根据《工伤保险条例》第十七条规定，职工发生事故伤害或者按照职业病防治法规定被诊断、鉴定为职业病，所在单位应当自事故伤害发生之日或者被诊断、鉴定为职业病之日起30日内，向统筹地区社会保险行政部门提出工伤认定申请。遇有特殊情况，经报社会保险行政部门同意，申请时限可以适当延长。

（2）根据《工伤保险条例》第十七条规定，用人单位未按规定提出工伤认定申请的，工伤职工或者其近亲属、工会组织在事故伤害发生之日或者被诊断、鉴定为职业病之日起1年内，可以直接向用人单位所在地统筹地区社会保险行政部门提出工伤认定申请。

（3）根据《人力资源社会保障部关于执行〈工伤保险条例〉若干问题的意见》（人社部发〔2013〕34号）第

六条规定，符合《工伤保险条例》第十五条第（一）项情形的，职工所在用人单位原则上应自职工死亡之日起5个工作日内向用人单位所在统筹地区社会保险行政部门报告。

34. 提出工伤认定申请应当提交哪些材料？

（1）根据《工伤保险条例》第十八条规定，提出工伤认定申请应当提交下列材料：

1）工伤认定申请表。

2）与用人单位存在劳动关系（包括事实劳动关系）的证明材料。

3）医疗诊断证明或者职业病诊断证明书（或者职业病诊断鉴定书）。

工伤认定申请表应当包括事故发生的时间、地点、原因以及职工伤害程度等基本情况。

(2) 根据《工伤认定办法》附件"工伤认定申请表"填表说明规定,申请人提出工伤认定申请时,应当提交受伤害职工的居民身份证;医疗机构出具的职工受伤害时初诊诊断证明书,或者依法承担职业病诊断的医疗机构出具的职业病诊断证明书(或者职业病诊断鉴定书);职工受伤害或者诊断患职业病时与用人单位之间的劳动、聘用合同或者其他存在劳动、人事关系的证明。

(3) 根据《工伤认定办法》附件"工伤认定申请表"填表说明规定,有下列情形之一的,还应当分别提交相应证据:

1) 职工死亡的,提交死亡证明。

2) 在工作时间和工作场所内,因履行工作职责受到暴力等意外伤害的,提交公安部门的证明或者其他相关证明。

3) 因工外出期间,由于工作原因受到伤害或者发生事故下落不明的,提交公安部门的证明或者相关部门的证明。

4) 上下班途中,受到非本人主要责任的交通事故或者城市轨道交通、客运轮渡、火车事故伤害的,提交公安机关交通管理部门或者其他相关部门的证明。

5) 在工作时间和工作岗位,突发疾病死亡或者在48小时之内经抢救无效死亡的,提交医疗机构的抢救证明。

6) 在抢险救灾等维护国家利益、公共利益活动中受到伤害的,提交民政部门或者其他相关部门的证明。

7) 属于因战、因公负伤致残的转业、复员军人,旧伤复发的,提交"革命伤残军人证"及劳动能力鉴定机构对旧伤复发的确认。

35. 工伤认定申请的受理机构如何确定？

（1）根据《工伤保险条例》第十七条规定，职工发生事故伤害或者按照职业病防治法规定被诊断、鉴定为职业病，所在单位应当自事故伤害发生之日或者被诊断、鉴定为职业病之日起30日内，向统筹地区社会保险行政部门提出工伤认定申请。

（2）根据《工伤保险条例》第十七条规定，应当由省级社会保险行政部门进行工伤认定的事项，根据属地原则由用人单位所在地的设区的市级社会保险行政部门办理。

36. 应当如何配合工伤认定调查核实？

（1）根据《工伤认定办法》第十一条规定，社会保险行政部门工作人员在工伤认定中，可以进行以下调查核实工作：

1）根据工作需要，进入有关单位和事故现场。

2）依法查阅与工伤认定有关的资料，询问有关人员并作出调查笔录。

3）记录、录音、录像和复制与工伤认定有关的资料。

调查核实工作的证据收集参照行政诉讼证据收集的有关规定执行。

（2）根据《工伤认定办法》第十二条规定，社会保险行政部门工作人员进行调查核实时，有关单位和个人应当予以协助。用人单位、工会组织、医疗机构以及有关部门应当负责安排相关人员配合工作，据实提供情况和证明材料。

37. 职工或者其近亲属认为是工伤但用人单位不认为是工伤怎么办?

根据《工伤认定办法》第十七条规定，职工或者其近亲属认为是工伤，用人单位不认为是工伤的，由该用人单位承担举证责任。用人单位拒不举证的，社会保险行政部门可以根据受伤害职工提供的证据或者调查取得的证据，依法作出工伤认定决定。

38. 工伤认定中止有何规定?

（1）根据《工伤保险条例》第二十条规定，作出工伤认定决定需要以司法机关或者有关行政主管部门的结论为依据的，在司法机关或者有关行政主管部门尚未作出结论期间，作出工伤认定决定的时限中止。

（2）根据《人力资源社会保障部关于执行〈工伤保险条例〉若干问题的意见》第五条规定，社会保险行政部门受理工伤认定申请后，发现劳动关系存在争议且无法确认的，应告知当事人可以向劳动人事争议仲裁委员会申请仲裁。在此期间，作出工伤认定决定的时限中止，并书面通知申请工伤认定的当事人。劳动关系依法确认后，当事人应将有关法律文书送交受理工伤认定申请的社会保险行政部门，该部门自收到生效法律文书之日起恢复工伤认定程序。

39. 对工伤认定结论作出的时限有何要求?

根据《工伤保险条例》第二十条规定，社会保险行政部门应当自受理工伤认定申请之日起60日内作出工伤认定的决定，并书面通知申请工伤认定的职工或者其近亲属和该职工所在单位。

社会保险行政部门对受理的事实清楚、权利义务明确的工伤认定申请，应当在15日内作出工伤认定的决定。

40. 工伤认定结论如何送达？

根据《工伤认定办法》第二十二条规定，社会保险行政部门应当自工伤认定决定作出之日起20日内，将"认定工伤决定书"或者"不予认定工伤决定书"送达受伤害职工（或者其近亲属）和用人单位，并抄送社会保险经办机构。

"认定工伤决定书"和"不予认定工伤决定书"的送达参照民事法律有关送达的规定执行。

41. 职工参加用人单位组织或者受用人单位指派参加其他单位组织的活动受伤的如何确定工作原因？

根据《人力资源社会保障部关于执行〈工伤保险条例〉若干问题的意见（二）》第四条规定，职工在参加用人单位组织或者受用人单位指派参加其他单位组织的活动中受到事故伤害的，应当视为工作原因，但参加与工作无关的活动除外。

42. 职工在工作时间和工作场所内，因履行工作职责受到暴力等意外伤害如何认定？

根据《劳动和社会保障部办公厅关于对〈工伤保险条例〉有关条款释义的函》（劳社厅函〔2006〕497号），

其中"因履行工作职责受到暴力等意外伤害"中的因履行工作职责受到暴力伤害是指受到的暴力伤害与履行工作职责有因果关系。

43.因工外出期间受到伤害或者发生事故下落不明的如何认定？

（1）根据《人力资源社会保障部关于执行〈工伤保险条例〉若干问题的意见》第一条规定，《工伤保险条例》第十四条第（五）项规定的"因工外出期间"的认定，应当考虑职工外出是否属于用人单位指派的因工作外出，遭受的事故伤害是否因工作原因所致。

（2）根据《人力资源社会保障部关于执行〈工伤保险条例〉若干问题的意见（二）》第五条规定，职工因工作原因驻外，有固定的住所、有明确的作息时间，工伤认定时按照在驻在地当地正常工作的情形处理。

（3）根据《最高人民法院关于审理工伤保险行政案件若干问题的规定》（法释〔2014〕9号）第五条规定，社会保险行政部门认定下列情形为"因工外出期间"的，人民法院应予支持：

1）职工受用人单位指派或者因工作需要在工作场所以外从事与工作职责有关的活动期间。

2）职工受用人单位指派外出学习或者开会期间。

3）职工因工作需要的其他外出活动期间。

职工因工外出期间从事与工作或者受用人单位指派外出学习、开会无关的个人活动受到伤害，社会保险行政部门不认定为工伤的，人民法院应予支持。

44. 在上下班途中受到非本人主要责任的交通事故或者城市轨道交通、客运轮渡、火车事故伤害的如何认定？

（1）根据《劳动和社会保障部关于实施〈工伤保险条例〉若干问题的意见》第二条规定，《工伤保险条例》第十四条规定"上下班途中，受到机动车事故伤害的，应当认定为工伤"。这里"上下班途中"既包括职工正常工作的上下班途中，也包括职工加班加点的上下班途中。"受到机动车事故伤害的"既可以是职工驾驶或乘坐的机动车发生事故造成的，也可以是职工因其他机动车事故造成的。

（2）根据《人力资源和社会保障部办公厅关于工伤保险有关规定处理意见的函》（人社厅函〔2011〕339号）：

1）《工伤保险条例》第十四条第（六）项规定的"上下班途中"是指合理的上下班时间和合理的上下班路途。

2)《工伤保险条例》第十四条第（六）项规定的"非本人主要责任"事故包括非本人主要责任的交通事故和非本人主要责任的城市轨道交通、客运轮渡和火车事故。其中，"交通事故"是指《中华人民共和国道路交通安全法》第一百一十九条规定的车辆在道路上因过错或者意外造成的人身伤亡或者财产损失事件。"车辆"是指机动车和非机动车；"道路"是指公路、城市道路和虽在单位管辖范围但允许社会机动车通行的地方，包括广场、公共停车场等用于公众通行的场所。

3)"非本人主要责任"事故认定应以公安机关交通管理、交通运输、铁道等部门或司法机关，以及法律、行政法规授权组织出具的相关法律文书为依据。

（3）根据《人力资源社会保障部关于执行〈工伤保险条例〉若干问题的意见》第二条规定，《工伤保险条例》第十四条第（六）项规定的"非本人主要责任"的认定，应当以有关机关出具的法律文书或者人民法院的

生效裁决为依据。

（4）根据《人力资源社会保障部关于执行〈工伤保险条例〉若干问题的意见（二）》第六条规定，职工以上下班为目的、在合理时间内往返于工作单位和居住地之间的合理路线，视为上下班途中。

45. 在工作时间和工作岗位，突发疾病死亡的如何认定？

根据《劳动和社会保障部关于实施〈工伤保险条例〉若干问题的意见》第三条规定，《工伤保险条例》第十五条规定"职工在工作时间和工作岗位，突发疾病死亡或者在48小时之内经抢救无效死亡的，视同工伤"。这里"突发疾病"包括各类疾病。"48小时"的起算时间，以医疗机构的初次诊断时间作为突发疾病的起算时间。

46. 因战、因公负伤致残旧伤复发的如何认定？

根据《工伤认定办法》附件"工伤认定申请表"填表说明规定，属于因战、因公负伤致残的转业、复员军人，旧伤复发的，提交"革命伤残军人证"及劳动能力鉴定机构对旧伤复发的确认。

47. 故意犯罪的如何认定？

（1）根据《人力资源社会保障部关于执行〈工伤保险条例〉若干问题的意见》第三条规定，《工伤保险条例》第十六条第（一）项"故意犯罪"的认定，应当以司法机关的生效法律文书或者结论性意见为依据。

（2）根据《最高人民法院关于审理工伤保险行政案件若干问题的规定》第一条规定，人民法院审理工伤认定行政案件，在认定是否存在《工伤保险条例》第十六条第（二）项"醉酒或者吸毒"情形时，应当以有权机构出具的事故责任认定书、结论性意见和人民法院生效裁判等法律文书为依据，但有相反证据足以推翻事故责任认定书和结论性意见的除外。

前述法律文书不存在或者内容不明确，社会保险行政部门就前款事实作出认定的，人民法院应当结合其提供的相关证据依法进行审查。

48. 醉酒或者吸毒的如何认定？

（1）根据《实施〈中华人民共和国社会保险法〉若干规定》第十条规定，《社会保险法》第三十七条第二项中的醉酒标准，按照《车辆驾驶人员血液、呼气酒精含量阈值与检验》（GB 19522—2004）执行。公安机关交通管理部门、医疗机构等有关单位依法出具的检测结论、诊断证明等材料，可以作为认定醉酒的依据。

（2）根据《人力资源社会保障部关于执行〈工伤保险条例〉若干问题的意见》第四条规定，《工伤保险条例》第十六条第（二）项"醉酒或者吸毒"的认定，应当以有关机关出具的法律文书或者人民法院的生效裁决为依据。无法获得上述证据的，可以结合相关证据认定。

（3）根据《最高人民法院关于审理工伤保险行政案件若干问题的规定》第一条规定，人民法院审理工伤认定行政案件，在认定是否存在《工伤保险条例》第十六条第（二）项"醉酒或者吸毒"情形时，应当以有权机构出具的事故责任认定书、结论性意见和人民法院生效裁判等法律文书为依据，但有相反证据足以推翻事故责任认定书和结论性意见的除外。

前述法律文书不存在或者内容不明确，社会保险行政部门就前款事实作出认定的，人民法院应当结合其提供的相关证据依法进行审查。

49. 自残或者自杀的如何认定？

根据《最高人民法院关于审理工伤保险行政案件若干问题的规定》第一条规定，人民法院审理工伤认定行政案件，在认定是否存在《工伤保险条例》第十六条第（三）项"自残或者自杀"情形时，应当以有权机构出具的事故责任认定书、结论性意见和人民法院生效裁判等法律文书为依据，但有相反证据足以推翻事故责任认定书和结论性意见的除外。

前述法律文书不存在或者内容不明确，社会保险行政部门就前款事实作出认定的，人民法院应当结合其提供的相关证据依法进行审查。

50. 退休后被诊断或鉴定为职业病的人员如何认定？

根据《人力资源社会保障部关于执行〈工伤保险条例〉若干问题的意见》第八条规定，曾经从事接触职业病危害作业、当时没有发现罹患职业病、离开工作岗位后被诊断或鉴定为职业病的符合下列条件的人员，可以自诊断、鉴定为职业病之日起一年内申请工伤认定，社会保险行政部门应当受理：

(1) 办理退休手续后,未再从事接触职业病危害作业的退休人员。

(2) 劳动或聘用合同期满后或者本人提出而解除劳动或聘用合同后,未再从事接触职业病危害作业的人员。

51. 达到或超过法定退休年龄的如何认定?

根据《人力资源社会保障部关于执行〈工伤保险条例〉若干问题的意见(二)》第二条规定,达到或超过法定退休年龄,但未办理退休手续或者未依法享受城镇职工基本养老保险待遇,继续在原用人单位工作期间受到事故伤害或患职业病的,用人单位依法承担工伤保险责任。

用人单位招用已经达到、超过法定退休年龄或已经领取城镇职工基本养老保险待遇的人员,在用工期间因工作原因受到事故伤害或患职业病的,如招用单位已按项目参保等方式为其缴纳工伤保险费的,应适用《工伤保险条例》。

52. 农民工受到事故伤害或患职业病后如何认定?

根据《关于农民工参加工伤保险有关问题的通知》第三条规定,农民工受到事故伤害或患职业病后,在参保地进行工伤认定、劳动能力鉴定,并按参保地的规定依法享受工伤保险待遇。用人单位在注册地和生产经营地均未参加工伤保险的,农民工受到事故伤害或患职业病后,在生产经营地进行工伤认定、劳动能力鉴定,并按生产经营地的规定依法由用人单位支付工伤保险待遇。

53. 承包经营的如何认定？

根据《工伤保险条例》第四十三条规定，用人单位实行承包经营的，工伤保险责任由职工劳动关系所在单位承担。

54. 转包、分包的如何认定？

根据《人力资源社会保障部关于执行〈工伤保险条例〉若干问题的意见》第七条规定，具备用工主体资格的承包单位违反法律法规规定，将承包业务转包、分包给不具备用工主体资格的组织或者自然人，该组织或者自然人招用的劳动者从事承包业务时因工伤亡的，由该具备用工主体资格的承包单位承担用人单位依法应承担的工伤保险责任。

55. 单位分立、合并、转让的如何认定？

根据《工伤保险条例》第四十三条规定，用人单位分立、合并、转让的，承继单位应当承担原用人单位的工伤保险责任；原用人单位已经参加工伤保险的，承继单位应当到当地经办机构办理工伤保险变更登记。

56. 借调期间发生工伤如何认定？

根据《工伤保险条例》第四十三条规定，职工被借调期间受到工伤事故伤害的，由原用人单位承担工伤保险责任，但原用人单位与借调单位可以约定补偿办法。

57. 职工在两个或两个以上用人单位同时就业如何认定？

(1) 根据《实施〈中华人民共和国社会保险法〉若干规定》第九条规定，职工（包括非全日制从业人员）在两个或者两个以上用人单位同时就业的，各用人单位应当分别为职工缴纳工伤保险费。职工发生工伤，由职工受到伤害时工作的单位依法承担工伤保险责任。

(2) 根据《劳动和社会保障部关于实施〈工伤保险条例〉若干问题的意见》第一条规定，职工在两个或两个以上用人单位同时就业的，各用人单位应当分别为职工缴纳工伤保险费。职工发生工伤，由职工受到伤害时其工作的单位依法承担工伤保险责任。

58. 用人单位注册地与生产经营地不在同一统筹地区如何认定？

根据《人力资源社会保障部关于执行〈工伤保险条例〉若干问题的意见（二）》第七条规定，用人单位注册地与生产经营地不在同一统筹地区的，职工受到事故伤害或者患职业病后，在参保地进行工伤认定、劳动能力鉴定，并按照参保地的规定依法享受工伤保险待遇；未参加工伤保险的职工，应当在生产经营地进行工伤认定、劳动能力鉴定，并按照生产经营地的规定依法由用人单位支付工伤保险待遇。

59. 工伤认定申请时限延误如何处理？

根据《人力资源社会保障部关于执行〈工伤保险

条例〉若干问题的意见（二）》第八条规定，有下列情形之一的，被延误的时间不计算在工伤认定申请时限内：

（1）受不可抗力影响的。

（2）职工由于被国家机关依法采取强制措施等人身自由受到限制不能申请工伤认定的。

（3）申请人正式提交了工伤认定申请，但因社会保险机构未登记或者材料遗失等原因造成申请超时限的。

（4）当事人就确认劳动关系申请劳动仲裁或提起民事诉讼的。

（5）其他符合法律法规规定的情形。

60. 对工伤认定结论不服如何处理？

（1）根据《工伤保险条例》第五十五条规定，申请工伤认定的职工或者其近亲属、该职工所在单位对工伤认定申请不予受理的决定不服的，有关单位或者个人可以依法申请行政复议，也可以依法向人民法院提起行政诉讼。

（2）根据《工伤保险条例》第五十五条规定，申请工伤认定的职工或者其近亲属、该职工所在单位对工伤认定结论不服的，有关单位或者个人可以依法申请行政复议，也可以依法向人民法院提起行政诉讼。

（3）根据《工伤认定办法》第二十三条规定，职工或者其近亲属、用人单位对不予受理决定不服或者对工伤认定决定不服的，可以依法申请行政复议或者提起行政诉讼。

61. 用人单位拒不协助事故伤害调查核实如何处理？

根据《工伤认定办法》第二十五条规定，用人单位拒不协助社会保险行政部门对事故伤害进行调查核实的，由社会保险行政部门责令改正，处 2 000 元以上 2 万元以下的罚款。

工伤医疗

62. 工伤职工选择就诊医院有何要求?

(1) 根据《工伤保险条例》第三十条规定,职工治疗工伤应当在签订服务协议的医疗机构就医,情况紧急时可以先到就近的医疗机构急救。

(2) 根据《关于印发工伤保险经办规程的通知》(人社部发〔2012〕11号)第四十一条规定,职工在统筹地区以外发生工伤的,应优先选择事故发生地工伤保险协议机构治疗,用人单位要及时向业务部门报告工伤职工的伤情及救治医疗机构情况,并待伤情稳定后转回统筹地区工伤保险协议机构继续治疗。

63. 对工伤职工异地就医有何要求?

根据《关于印发工伤保险经办规程的通知》第四十二条规定,居住在统筹地区以外的工伤职工,经统筹地区劳动能力鉴定委员会鉴定或者经统筹地区社会保险行政部门委托居住地劳动能力鉴定委员会鉴定需要继续治疗的,工伤职工本人应在居住地选择一所县级以上工伤保险协议机构或同级医疗机构进行治疗,填报"工伤职工异地居住就医申请表",并经过业务部门批准。

64. 对工伤医疗报销范围管理有何要求?

(1) 根据《关于印发工伤保险经办规程的通知》第

四十三条规定，工伤职工因工伤进行门（急）诊或住院诊疗时，工伤保险协议机构应严格遵守工伤保险诊疗项目目录、工伤保险药品目录、工伤保险住院服务标准。

（2）根据《工伤保险条例》第三十条规定，治疗工伤所需费用符合工伤保险诊疗项目目录、工伤保险药品目录、工伤保险住院服务标准的，从工伤保险基金支付。工伤保险诊疗项目目录、工伤保险药品目录、工伤保险住院服务标准，由国务院社会保险行政部门会同国务院卫生行政部门、食品药品监督管理部门等部门规定。

65. 对职业病患者的急救有何要求？

根据《中华人民共和国职业病防治法》第三十七条规定，发生或者可能发生急性职业病危害事故时，用人单位应当立即采取应急救援和控制措施，并及时报告所在地卫生行政部门和有关部门。卫生行政部门接到报告后，应当及时会同有关部门组织调查处理；必要时，可以采取临时控制措施。卫生行政部门应当组织做好医疗救治工作。

对遭受或者可能遭受急性职业病危害的劳动者，用人单位应当及时组织救治、进行健康检查和医学观察，所需费用由用人单位承担。

66. 哪些医疗费用工伤保险基金不予支付？

（1）根据《工伤保险条例》第三十条规定，工伤职工治疗非工伤引发的疾病，不享受工伤医疗待遇，按照基本医疗保险办法处理。

（2）根据《劳动和社会保障部关于加强工伤保险医疗服务协议管理工作的通知》（劳社部发〔2007〕7号）第四条规定，对于工伤职工治疗非工伤疾病所发生的费用、符合出院条件拒不出院继续发生的费用，未经经办机构批准自行转入其他医疗机构治疗所发生的费用和其他违反工伤保险有关规定的费用，工伤保险基金不予支付。

67. 对工伤医疗费用报销有何要求?

根据《关于印发工伤保险经办规程的通知》第六十一条规定,用人单位申报医疗(康复)费,填写"工伤医疗(康复)待遇申请表"并提供以下资料:

(1)医疗机构出具的伤害部位和程度的诊断证明。

(2)工伤职工的医疗(康复)票据、病历、清单、处方及检查报告。

居住在统筹地区以外的工伤职工在居住地就医的,还需提供"工伤职工异地居住就医申请表"。

工伤职工因旧伤复发就医的,还需提供"工伤职工旧伤复发申请表"。

批准到统筹地区以外就医的工伤职工,还需提供"工伤职工转诊转院申请表"。

(3)省、自治区、直辖市经办机构规定的其他证件和资料。

工伤康复

68. 工伤职工选择康复医院有何要求?

根据《工伤保险条例》第三十条规定,工伤职工到签订服务协议的医疗机构进行工伤康复的费用,符合规定的,从工伤保险基金支付。

69. 对工伤康复住院标准有何要求?

(1) 根据《关于印发工伤保险经办规程的通知》第四十六条规定,工伤职工经治疗病情相对稳定后,因存在肢体、器官功能性障碍或缺陷,可以通过医疗技术、物理治疗、作业治疗、心理治疗、康复护理与职业训练等综合手段,使其达到功能部分恢复或完全恢复并获得就业能力，经办机构应鼓励其进行康复治疗，使其可以尽早重返工作岗位。

（2）根据《工伤康复服务规范（试行）》（修订版）第一条规定，工伤职工住院康复的一般标准是：经临床急性期治疗后，生命体征基本平稳，病情相对稳定，但仍有持续性功能障碍（如运动、感觉、言语、认知、精神、吞咽、排尿排便和性功能等障碍）而影响生活自理、劳动能力下降，仍不能回归家庭和社会，且具有恢复潜力和康复价值者，均应及早转入康复协议机构住院康复治疗。对于后遗症期病情变化出现新的功能障碍等问题并且有康复价值的，参照上述标准入院康复治疗。

（3）《工伤康复服务规范（试行）》（修订版）对包括颅脑损伤，持续性植物状态，脊柱脊髓损伤，周围神经损伤，骨折，截肢，手外伤，关节、软组织损伤和烧伤9种情形在内的康复住院标准进行了明确规定。

70. 对工伤康复住院时限有何要求？

根据《工伤康复服务规范（试行）》（修订版）第二条规定：

（1）根据受伤部位与损伤类型、功能障碍程度和康复潜力大小，对康复住院时间予以合理限制，住院康复时间不超过12个月。职业康复住院时限一般为60天，最长不超过180天，职业康复住院时限可分段累计计算。

（2）如住院期间病情发生变化影响康复进程，或已到出院时限，但仍有较大康复治疗价值，需继续康复治疗或安装辅助器具者，必须由康复协议机构出具诊断意见和延期康复建议书，经社会保险经办机构核准后方可适当延长住院时间。

71. 对工伤康复出院标准有何要求?

根据《工伤康复服务规范(试行)》(修订版)第五条规定,工伤职工经康复治疗后已达到预期康复目标,各项功能已恢复到一定水平并基本稳定,生活自理能力提高,无明显的并发症或并发症已控制,安装假肢、矫形器者已能够独立完成穿戴和使用。严重功能障碍的工伤职工,须病情稳定,基本达到预期康复目标或已无进一步康复治疗价值,即达到工伤康复出院标准。

72. 工伤康复治疗如何申请?

根据《关于印发工伤保险经办规程的通知》第四十七条规定,工伤职工需要进行身体机能、心理康复或职业训练的,应由工伤保险协议机构提出康复治疗方案,包括康复治疗项目、时间、预期效果和治疗费用等内容,用人单位、工伤职工或近亲属提出申请,填写"工伤职工康复申请表",报业务部门批准。

73. 工伤康复延期审批如何规定？

根据《关于印发工伤保险经办规程的通知》第四十八条规定，工伤康复治疗的时间需要延长时，由工伤保险协议机构提出意见，用人单位、工伤职工或近亲属同意，并报业务部门批准。

74. 工伤康复服务项目包括哪些？

工伤康复服务项目根据《人力资源社会保障部关于印发〈工伤康复服务项目（试行）〉和〈工伤康复服务规范（试行）〉（修订版）的通知》（人社部发〔2013〕30号）执行。

75. 工伤康复服务规范包括哪些？

工伤康复服务规范根据《人力资源社会保障部关于印发〈工伤康复服务项目（试行）〉和〈工伤康复服务规范（试行）〉（修订版）的通知》执行。

劳动能力鉴定（确认）

76. 什么是劳动能力鉴定？

根据《工伤保险条例》第二十二条规定，劳动能力鉴定是指劳动功能障碍程度和生活自理障碍程度的等级鉴定。

根据《劳动能力鉴定 职工工伤与职业病致残等级》(GB/T 16180—2014) 3.1条，劳动能力鉴定是指法定机构对劳动者在职业活动中因工负伤或患职业病后，根据国家工伤保险法规规定，在评定伤残等级时通过医学检查对劳动功能障碍程度（伤残程度）和生活自理障碍程度作出的技术性鉴定结论。

77. 劳动能力鉴定包括哪些内容？

根据《工伤保险条例》第二十二条规定，劳动功能障碍分为十个伤残等级，最重的为一级，最轻的为十级。

生活自理障碍分为三个等级：生活完全不能自理、生活大部分不能自理和生活部分不能自理。

78. 什么是功能障碍？

根据《劳动能力鉴定 职工工伤与职业病致残等级》4.1.3条，工伤后功能障碍的程度与器官缺损的部位及严重程度有关，职业病所致的器官功能障碍与疾病的严重程度相关。对功能障碍的判定,应以评定伤残等级技术鉴定时的医疗检查结果为依据,根据评残对象逐个确定。

79. 什么是生活自理障碍?

根据《劳动能力鉴定 职工工伤与职业病致残等级》4.1.5条,生活自理障碍按如下划分等级。

(1) 生活自理范围

1) 进食:完全不能自主进食,需依赖他人帮助。

2) 翻身:不能自主翻身。

3) 大、小便:不能自主行动,排大、小便需要他人帮助。

4) 穿衣、洗漱:不能自己穿衣、洗漱,完全依赖他人帮助。

5) 自主行动:不能自主走动。

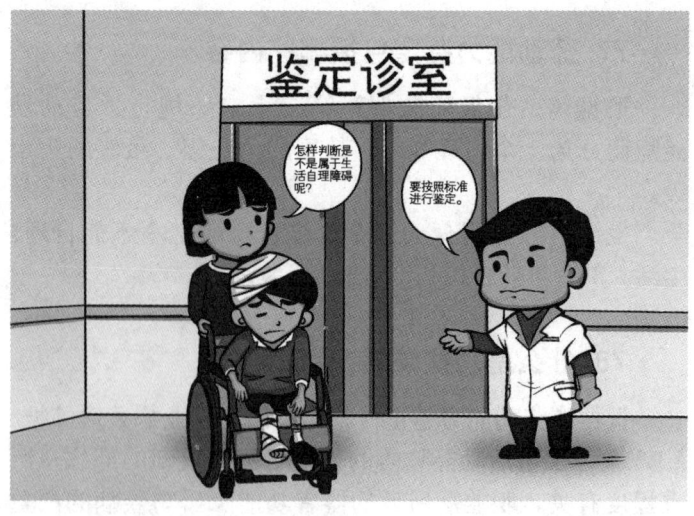

(2) 护理依赖的程度

1) 完全生活自理障碍：生活完全不能自理，上述生活自理范围的五项均需护理。

2) 大部分生活自理障碍：生活大部分不能自理，上述生活自理范围的五项中三项或四项需要护理。

3) 部分生活自理障碍：生活部分不能自理，上述生活自理范围的五项中一项或两项需要护理。

80. 对劳动能力鉴定的申请时限有何要求？

(1) 根据《工伤保险条例》第二十一条规定，职工发生工伤，经治疗伤情相对稳定后存在残疾、影响劳动能力的，应当进行劳动能力鉴定。

(2) 根据《工伤职工劳动能力鉴定管理办法》（人力资源和社会保障部、国家卫生和计划生育委员会令第21号）第七条规定，职工发生工伤，经治疗伤情相对稳定后存在残疾、影响劳动能力的，或者停工留薪期满（含劳动能力鉴定委员会确认的延长期限），工伤职工或者其用人单位应当及时向设区的市级劳动能力鉴定委员会提出劳动能力鉴定申请。

81. 劳动能力鉴定标准是什么？

(1) 根据《工伤保险条例》第二十二条规定，劳动能力鉴定标准由国务院社会保险行政部门会同国务院卫生行政部门等部门制定。

(2) 根据《工伤职工劳动能力鉴定管理办法》第二条规定，劳动能力鉴定委员会依据《劳动能力鉴定 职工工伤与职业病致残等级》国家标准，对工伤职工劳动功能障碍程度和生活自理障碍程度组织进行技术性等级鉴定。

82. 劳动能力鉴定对申请人有何要求？

（1）根据《工伤保险条例》第二十三条规定，劳动能力鉴定由用人单位、工伤职工或者其近亲属向设区的市级劳动能力鉴定委员会提出申请，并提供工伤认定决定和职工工伤医疗的有关资料。

（2）根据《工伤职工劳动能力鉴定管理办法》第七条规定，职工发生工伤，经治疗伤情相对稳定后存在残疾、影响劳动能力的，或者停工留薪期满（含劳动能力鉴定委员会确认的延长期限），工伤职工或者其用人单位应当及时向设区的市级劳动能力鉴定委员会提出劳动能力鉴定申请。

（3）根据《工伤职工劳动能力鉴定管理办法》第十八条规定，工伤职工本人因身体等原因无法提出劳动能力初次鉴定、复查鉴定、再次鉴定申请的，可由其近亲属代为提出。

83. 劳动能力鉴定对申请材料有何要求？

根据《工伤职工劳动能力鉴定管理办法》第八条规定，申请劳动能力鉴定应当填写劳动能力鉴定申请表，并提交下列材料：

（1）有效的诊断证明、按照医疗机构病历管理有关规定复印或者复制的检查、检验报告等完整病历材料。

（2）工伤职工的居民身份证或者社会保障卡等其他有效身份证明原件。

84. 劳动能力鉴定对现场鉴定有何要求？

（1）根据《工伤职工劳动能力鉴定管理办法》第十一条规定，劳动能力鉴定委员会应当提前通知工伤职工进行鉴定的时间、地点以及应当携带的材料。工伤职工应当按照通知的时间、地点参加现场鉴定。

（2）根据《工伤保险条例》第二十五条规定，必要时，可以委托具备资格的医疗机构协助进行有关的诊断。

（3）根据《工伤职工劳动能力鉴定管理办法》第十二条规定，因鉴定工作需要，专家组提出应当进行有关检查和诊断的，劳动能力鉴定委员会可以委托具备资格的医疗机构协助进行有关的检查和诊断。

85. 对行动不便的职工如何采取方便的鉴定方式?

根据《工伤职工劳动能力鉴定管理办法》第十一条规定,对行动不便的工伤职工,劳动能力鉴定委员会可以组织专家上门进行劳动能力鉴定。组织劳动能力鉴定的工作人员应当对工伤职工的身份进行核实。

86. 对因故不能按时参加现场鉴定的如何处理?

根据《工伤职工劳动能力鉴定管理办法》第十一条规定,工伤职工因故不能按时参加鉴定的,经劳动能力鉴定委员会同意,可以调整现场鉴定的时间,作出劳动能力鉴定结论的期限相应顺延。

87. 哪些情形下劳动能力现场鉴定应终止？

根据《工伤职工劳动能力鉴定管理办法》第二十三条规定，工伤职工有下列情形之一的，当次鉴定终止：

（1）无正当理由不参加现场鉴定的。

（2）拒不参加劳动能力鉴定委员会安排的检查和诊断的。

88. 劳动能力鉴定对结论作出期限有何规定？

（1）根据《工伤保险条例》第二十五条规定，设区的市级劳动能力鉴定委员会应当自收到劳动能力鉴定申请之日起60日内作出劳动能力鉴定结论，必要时，作出劳动能力鉴定结论的期限可以延长30日。

（2）根据《工伤职工劳动能力鉴定管理办法》第九条规定，申请人提供材料完整的，劳动能力鉴定委员会应当及时组织鉴定，并在收到劳动能力鉴定申请之日起60日内作出劳动能力鉴定结论。伤情复杂、涉及医疗卫生专业较多的，作出劳动能力鉴定结论的期限可以延长30日。

89. 劳动能力鉴定对结论送达有何要求？

（1）根据《工伤保险条例》第二十五条规定，劳动能力鉴定结论应当及时送达申请鉴定的单位和个人。

（2）根据《工伤职工劳动能力鉴定管理办法》第十五条规定，劳动能力鉴定委员会应当自作出鉴定结论之日起20日内将劳动能力鉴定结论及时送达工伤职工及其用人单位，并抄送社会保险经办机构。

90. 劳动能力鉴定医疗依赖如何分级？

根据《劳动能力鉴定 职工工伤与职业病致残等级》4.1.4条，医疗依赖判定分级如下：

（1）特殊医疗依赖是指工伤致残后必须终身接受特殊药物、特殊医疗设备或装置进行治疗。

（2）一般医疗依赖是指工伤致残后仍需接受长期或终身药物治疗。

91. 因工死亡职工供养亲属的劳动能力鉴定依据是什么？

根据《因工死亡职工供养亲属范围规定》（劳动和社会保障部令第18号）第六条规定，因工死亡职工供养亲属的劳动能力鉴定，由因工死亡职工生前单位所在地设区的市级劳动能力鉴定委员会负责。

92. 单位或者个人对鉴定结论不服如何处理？

根据《工伤保险条例》第二十六条和《工伤职工劳动能力鉴定管理办法》第十六条规定，申请鉴定的单位或者个人对设区的市级劳动能力鉴定委员会作出的鉴定结论不服的，可以在收到该鉴定结论之日起15日内向省、自治区、直辖市劳动能力鉴定委员会提出再次鉴定申请。省、自治区、直辖市劳动能力鉴定委员会作出的劳动能力鉴定结论为最终结论。

93. 申请再次鉴定对材料有何要求？

根据《工伤职工劳动能力鉴定管理办法》第十六条规定，申请再次鉴定，应当提供劳动能力鉴定申请表，以及工伤职工的居民身份证或者社会保障卡等有效身份证明原件。

94. 单位或者个人认为伤残情况发生变化的如何处理？

根据《工伤保险条例》第二十八条和《工伤职工劳动能力鉴定管理办法》第十七条规定，自劳动能力鉴定结论作出之日起1年后，工伤职工、用人单位或者社会保险经办机构认为伤残情况发生变化的，可以向设区的市级劳动能力鉴定委员会申请劳动能力复查鉴定。

95. 对劳动能力鉴定复查鉴定结论不服的如何处理？

根据《工伤职工劳动能力鉴定管理办法》第十七条规定，对复查鉴定结论不服的，可以按照本办法第十六条规定申请再次鉴定。

96. 拒不接受劳动能力鉴定对待遇有何影响？

（1）根据《工伤保险条例》第四十二条规定，工伤职工拒不接受劳动能力鉴定的，停止享受工伤保险待遇。

（2）根据《人力资源社会保障部关于执行〈工伤保险条例〉若干问题的意见》第十一条规定，依据《工伤保险条例》第四十二条的规定停止支付工伤保险待遇的，在停止支付待遇的情形消失后，自下月起恢复工伤保险待遇，停止支付的工伤保险待遇不予补发。

97. 劳动能力确认项目包括哪些？

劳动能力确认项目包括辅助器具配置确认等共 5 项，详见表 2。

表 2　　　　　　　劳动能力确认项目

序号	项目	依据条款
1	辅助器具配置确认	《工伤保险条例》第三十二条
2	医疗终结期确认	《关于印发工伤保险经办规程的通知》第四十二条
3	停工留薪期确认	《工伤保险条例》第三十三条
4	工伤复发确认	《工伤保险条例》第三十八条 《关于印发工伤保险经办规程的通知》第四十四条
5	工伤康复确认	《人力资源社会保障部关于印发〈工伤康复服务项目（试行）〉和〈工伤康复服务规范（试行）〉（修订版）的通知》第一条

98. 辅助器具配置对申请人有何规定?

根据《工伤保险辅助器具配置管理办法》(人力资源和社会保障部、民政部、国家卫生和计划生育委员会令第27号)第七条规定,工伤职工认为需要配置辅助器具的,可以向劳动能力鉴定委员会提出辅助器具配置确认申请。工伤职工本人因身体等原因无法提出申请的,可由其近亲属或者用人单位代为申请。

99. 辅助器具配置中弄虚作假会被怎样处理?

根据《工伤保险辅助器具配置管理办法》第二十七条规定,从事工伤保险辅助器具配置确认工作的组织或者个人有下列情形之一的,由人力资源社会保障行政部门责令改正,处2 000元以上1万元以下的罚款;情节严重,构成犯罪的,依法追究刑事责任:

(1) 提供虚假确认意见的。
(2) 提供虚假诊断证明或者病历的。
(3) 收受当事人财物的。

工伤保险待遇

100. 工伤保险待遇项目及政策依据如何规定？

（1）根据《社会保险法》第三十八条、第三十九条和《工伤保险条例》第五章有关规定，工伤（亡）职工工伤保险待遇具体包括表3中的16个待遇项目。

表3　　　　　工伤保险待遇项目

序号	工伤保险待遇项目	依据条款
1	工伤医疗费	《工伤保险条例》第三十条
2	工伤康复费	《工伤保险条例》第三十条
3	住院治疗工伤的伙食补助费	《工伤保险条例》第三十条
4	到统筹地区以外就医交通食宿费	《工伤保险条例》第三十条
5	辅助器具配置费	《工伤保险条例》第三十二条
6	停工留薪期工资福利待遇	《工伤保险条例》第三十三条
7	停工留薪期内护理	《工伤保险条例》第三十三条
8	生活护理费	《工伤保险条例》第三十四条

续表

序号	工伤保险待遇项目	依据条款
9	一次性伤残补助金	《工伤保险条例》第三十五条、第三十六条、第三十七条
10	伤残津贴	《工伤保险条例》第三十五条、第三十六条
11	一次性工伤医疗补助金	《工伤保险条例》第三十六条、第三十七条
12	一次性伤残就业补助金	《工伤保险条例》第三十六条、第三十七条
13	丧葬补助金	《工伤保险条例》第三十九条
14	供养亲属抚恤金	《工伤保险条例》第三十九条
15	一次性工亡补助金	《工伤保险条例》第三十九条
16	其他	根据各地条例或细则等具体规定

(2) 各地有工伤保险条例或实施细则的，根据具体规定，待遇项目可能会有所增加。

101. 工伤保险待遇的具体项目及条件如何规定？

工伤保险待遇的具体项目及条件详见表 4 至表 7。

表4　　　　　　　　工伤医疗期间待遇

序号	待遇项目	计发基数及标准	支付方式
1	工伤医疗费	在签订服务协议的医疗机构内花费的符合规定的医疗费	参保人由基金支付，非参保人由用人单位支付
2	工伤康复费	在签订服务协议的医疗机构内花费的符合规定的康复费	
3	住院治疗工伤的伙食补助费	职工治疗工伤的伙食费用，按当地标准支付	
4	到统筹地区以外就医交通食宿费	经医疗机构出具证明，报经办机构同意，工伤职工到统筹地区以外就医所需的交通食宿费用，按当地标准支付	
5	辅助器具配置费	经劳动能力鉴定委员会确认需安装辅助器具的，发生符合支付标准的辅助器具配置费用	
6	停工留薪期工资福利待遇	停工留薪期间，原工资福利待遇不变	参保人、非参保人均由用人单位支付
7	停工留薪期内护理	生活不能自理的工伤职工在停工留薪期间需要护理的	

表5　工伤医疗终结后一次性发放的待遇
（一级至十级伤残）

序号	待遇项目	计发基数及标准			支付方式
1	一次性伤残补助金	本人工资	一级	27个月	参保人由基金支付，非参保人由用人单位支付
			二级	25个月	
			三级	23个月	
			四级	21个月	
			五级	18个月	
			六级	16个月	
			七级	13个月	
			八级	11个月	
			九级	9个月	
			十级	7个月	
2	一次性工伤医疗补助金	按各地具体制定的标准执行	五级至十级	按各地具体制定的标准执行	终结关系时参保人由基金支付，非参保人由用人单位支付
3	一次性伤残就业补助金	按各地具体制定的标准执行	五级至十级	按各地具体制定的标准执行	终结关系时参保人、非参保人均由用人单位支付

表6　工伤医疗终结后定期发放的待遇

序号	待遇项目	计发基数及标准			支付方式
1	伤残津贴	本人工资	一级	90%	参保人由基金定期支付，非参保人由用人单位支付
			二级	85%	
			三级	80%	
			四级	75%	
			五级	70%	保留劳动关系，难以安排工作的，由用人单位按月支付
			六级	60%	
2	生活护理费	统筹地区上年度职工月平均工资	生活完全不能自理	50%	参保人由基金定期支付，非参保人由用人单位支付
			生活大部分不能自理	40%	
			生活部分不能自理	30%	

工伤保险待遇

表7　　　　　因工死亡补偿待遇

序号	待遇项目	计发基数及标准			支付方式
1	丧葬补助金	统筹地区上年度职工月平均工资	6个月		参保人由基金支付，非参保人由用人单位支付
2	一次性工亡补助金	上一年度全国城镇居民人均可支配收入	20倍		
3	供养亲属抚恤金	本人工资	配偶	40%	参保人由基金按月支付，非参保人由用人单位支付。符合工亡职工供养亲属范围条件的亲属可领取
			其他亲属	30%	
			孤寡老人或者孤儿每人每月在上述标准的基础上增加10%，核定的各供养亲属的抚恤金之和不应高于因工死亡职工生前的工资		

102. 工伤后就医及费用报销有何要求？

职工治疗工伤应当在签订服务协议的医疗机构就医，情况紧急时可以先到就近的医疗机构急救。

治疗工伤所需费用符合工伤保险诊疗项目目录、工伤保险药品目录、工伤保险住院服务标准的，从工伤保险基金支付。

工伤职工治疗非工伤引发的疾病，不享受工伤医疗待遇。

103. 工伤治疗期间享受哪些待遇和生活护理费用？

在停工留薪期内，原工资福利待遇不变，由所在单位按月支付，停工留薪期一般不超过12个月。

生活不能自理的工伤职工在停工留薪期需要护理的，由所在单位负责。

104. 一级至四级伤残职工有哪些工伤保险待遇？

职工因工致残被鉴定为一级至四级伤残的，保留劳动关系，退出工作岗位，享受以下待遇：

（1）从工伤保险基金按伤残等级支付一次性伤残补助金。

（2）从工伤保险基金按月支付伤残津贴，伤残津贴实际金额低于当地最低工资标准的，由工伤保险基金补足差额。

（3）工伤职工达到退休年龄并办理退休手续后，停发伤残津贴，按照国家有关规定享受基本养老保险待遇。基本养老保险待遇低于伤残津贴的，由工伤保险基金补足差额。

职工因工致残被鉴定为一级至四级伤残的，由用人单位和职工个人以伤残津贴为基数，缴纳基本医疗保险费。

工伤保险待遇

105. 五级、六级伤残职工有哪些工伤保险待遇？

职工因工致残被鉴定为五级、六级伤残的，享受以下待遇：

（1）从工伤保险基金按伤残等级支付一次性伤残补助金。

（2）保留与用人单位的劳动关系，由用人单位安排适当工作。难以安排工作的，由用人单位按月发给伤残津贴。伤残津贴实际金额低于当地最低工资标准的，由用人单位补足差额。

经工伤职工本人提出，该职工可以与用人单位解除或者终止劳动关系，由工伤保险基金支付一次性工伤医疗补助金，由用人单位支付一次性伤残就业补助金。一次性工伤医疗补助金和一次性伤残就业补助金的具体标准由省、自治区、直辖市人民政府规定。

106. 七级至十级伤残职工有哪些工伤保险待遇？

职工因工致残被鉴定为七级至十级伤残的，享受以下待遇：

（1）从工伤保险基金按伤残等级支付一次性伤残补助金。

（2）劳动、聘用合同期满终止，或者职工本人提出解除劳动、聘用合同的，由工伤保险基金支付一次性工伤医疗补助金，由用人单位支付一次性伤残就业补助金。一次性工伤医疗补助金和一次性伤残就业补助金的具体标准由省、自治区、直辖市人民政府规定。

107. 职工因工死亡有哪些工伤保险待遇?

职工因工死亡,其近亲属按照下列规定从工伤保险基金领取丧葬补助金、供养亲属抚恤金和一次性工亡补助金:

(1)丧葬补助金为6个月的统筹地区上年度职工月平均工资。

(2)供养亲属抚恤金按照职工本人工资的一定比例,发给由因工死亡职工生前提供主要生活来源、无劳动能力的亲属。标准为:配偶每月40%,其他亲属每人每月30%,孤寡老人或者孤儿每人每月在上述标准的基础上增加10%。核定的各供养亲属的抚恤金之和不应高于因工死亡职工生前的工资。供养亲属的具体范围由国务院社会保险行政部门规定。

(3)一次性工亡补助金标准为上一年度全国城镇居民人均可支配收入的20倍。

108. 哪些情形下应当停止享受工伤保险待遇?

工伤职工有下列情形之一的,停止享受工伤保险待遇:

(1)丧失享受待遇条件的。
(2)拒不接受劳动能力鉴定的。
(3)拒绝治疗的。

工伤保险待遇

109. 未参加工伤保险的职工工伤保险待遇由谁支付？

根据《工伤保险条例》第六十二条规定，依照本条例规定应当参加工伤保险而未参加工伤保险的用人单位职工发生工伤的，由该用人单位按照本条例规定的工伤保险待遇项目和标准支付费用。

110. 工伤保险待遇对申请人有何规定？

（1）根据《关于印发工伤保险经办规程的通知》第五章综合规定，用人单位、工伤职工或者其近亲属可以提出工伤保险待遇申请。

（2）根据《工伤保险条例》第五十五条规定，工伤职工或者其近亲属为工伤保险待遇的当事人。

111. 停工留薪期的工伤保险有何规定？

根据《工伤保险条例》第三十三条规定，停工留薪期一般不超过12个月。伤情严重或者情况特殊，经设区的市级劳动能力鉴定委员会确认，可以适当延长，但延长不得超过12个月。工伤职工评定伤残等级后，停发原待遇，按照有关规定享受伤残待遇。

112. 工伤保险待遇核定中的"本人工资"标准如何确定？

根据《工伤保险条例》第六十四条规定，本条例所称本人工资，是指工伤职工因工作遭受事故伤害或者患职业病前12个月平均月缴费工资。

本人工资高于统筹地区职工平均工资300%的，按照统筹地区职工平均工资的300%计算；本人工资低于统筹地区职工平均工资60%的，按照统筹地区职工平均工资的60%计算。

113. 工伤保险待遇所需"上一年度相关数据"尚未公布如何处理？

根据《人力资源社会保障部关于执行〈工伤保险条例〉若干问题的意见》第十四条规定，核定工伤职工工伤保险待遇时，若上一年度相关数据尚未公布，可暂按前一年度的全国城镇居民人均可支配收入、统筹地区职工月平均工资核定和计发，待相关数据公布后再重新核定，社会保险经办机构或者用人单位予以补发差额部分。

114. 工伤复发可享受哪些工伤保险待遇？

根据《工伤保险条例》第三十八条规定，工伤职工工伤复发，确认需要治疗的，享受本条例第三十条、第三十二条和第三十三条规定的工伤待遇，具体详见表8。

表8　　工伤复发可享受的工伤保险待遇项目

序号	工伤复发可享受的工伤保险待遇项目	依据条款
1	工伤医疗费	《工伤保险条例》第三十条
2	工伤康复费	《工伤保险条例》第三十条
3	住院治疗工伤的伙食补助费	《工伤保险条例》第三十条
4	到统筹地区以外就医交通食宿费	《工伤保险条例》第三十条
5	辅助器具配置费	《工伤保险条例》第三十二条
6	停工留薪期工资福利待遇	《工伤保险条例》第三十三条
7	停工留薪期内护理	《工伤保险条例》第三十三条

115. 职工因战、因公负伤致残，到用人单位后旧伤复发的工伤保险待遇如何发放？

根据《工伤保险条例》第十五条规定，职工原在军队服役，因战、因公负伤致残，已取得革命伤残军人证，到用人单位后旧伤复发的，按照本条例的有关规定享受除一次性伤残补助金以外的工伤保险待遇。

116. 未及时提交工伤认定申请的工伤保险待遇如何处理？

（1）根据《工伤保险条例》第十七条规定，用人单位未在本条第一款规定的时限内提交工伤认定申请，在此期间发生符合本条例规定的工伤待遇等有关费用由该用人单位负担。

（2）根据《关于实施〈工伤保险条例〉若干问题的意见》第六条规定，《工伤保险条例》第十七条第四款规定"用人单位未在本条第一款规定的时限内提交工伤认定申请的，在此期间发生符合本条例规定的工伤待遇等有关费用由该用人单位负担"。这里用人单位承担工伤待遇等有关费用的期间是指从事故伤害发生之日或职业病确诊之日起，到劳动保障行政部门受理工伤认定申请之日止。

117. 达到或超过法定退休年龄的工伤保险待遇如何处理？

根据《人力资源社会保障部关于执行〈工伤保险条例〉若干问题的意见（二）》第二条规定，达到或超过法定退休年龄，但未办理退休手续或者未依法享受城镇职工基本养老保险待遇,继续在原用人单位工作期间受到事故伤害或患职业病的,用人单位依法承担工伤保险责任。

用人单位招用已经达到、超过法定退休年龄或已经领取城镇职工基本养老保险待遇的人员,在用工期间因工作原因受到事故伤害或患职业病的,如招用单位已按项目参保等方式为其缴纳工伤保险费的,适用《工伤保险条例》。

118. 领取伤残津贴的工伤职工达到退休年龄后工伤保险待遇如何处理?

根据《社会保险法》第四十条规定,工伤职工符合领取基本养老金条件的,停发伤残津贴,享受基本养老保险待遇。基本养老保险待遇低于伤残津贴的,从工伤保险基金中补足差额。

根据《工伤保险条例》第三十五条规定,工伤职工达到退休年龄并办理退休手续后,停发伤残津贴,按照国家有关规定享受基本养老保险待遇。基本养老保险待遇低于伤残津贴的,由工伤保险基金补足差额。

119. 一级至四级工伤职工死亡的丧葬补助金、抚恤金待遇如何确定?

根据《人力资源社会保障部关于执行〈工伤保险条例〉若干问题的意见(二)》第一条规定,一级至四级工伤职工死亡,其近亲属同时符合领取工伤保险丧葬补助金、供养亲属抚恤金待遇和职工基本养老保险丧葬补助金、抚恤金待遇条件的,由其近亲属选择领取工伤保险或职工基本养老保险其中一种。

120. 职工多次发生工伤的工伤保险待遇如何处理？

（1）根据《工伤保险条例》第四十五条规定，职工再次发生工伤，根据规定应当享受伤残津贴的，按照新认定的伤残等级享受伤残津贴待遇。

（2）根据《人力资源社会保障部关于执行〈工伤保险条例〉若干问题的意见》第十条规定，职工在同一用人单位连续工作期间多次发生工伤的，符合《工伤保险条例》第三十六条、第三十七条规定领取相关待遇时，按照其在同一用人单位发生工伤的最高伤残级别，计发一次性伤残就业补助金和一次性工伤医疗补助金。

121. 离开工作岗位后被诊断或鉴定为职业病的如何处理？

（1）根据《人力资源社会保障部关于执行〈工伤保险条例〉若干问题的意见》第八条规定，曾经从事接触职业病危害作业、当时没有发现罹患职业病、离开工作岗位后被诊断或鉴定为职业病的符合下列条件的人员，可以自诊断、鉴定为职业病之日起1年内申请工伤认定，社会保险行政部门应当受理：

1）办理退休手续后，未再从事接触职业病危害作业的退休人员。

2）劳动或聘用合同期满后或者本人提出而解除劳动或聘用合同后，未再从事接触职业病危害作业的人员。

经工伤认定和劳动能力鉴定，符合领取一次性伤残补助金条件的，按就高原则以本人退休前12个月平均月缴费工资或者确诊职业病前12个月的月平均养老金为基数计发。被鉴定为一级至十级伤残、按《工伤保险条例》规定应以本人工资作为基数享受相关待遇的，按本人终止或者解除劳动、聘用合同前12个月平均月缴费工资计发。

（2）根据《人力资源社会保障部关于执行〈工伤保险条例〉若干问题的意见》第九条规定，按照本意见第八条规定被认定为工伤的职业病人员，职业病诊断证明书（或职业病诊断鉴定书）中明确的用人单位，在该职工从业期间依法为其缴纳工伤保险费的，按《工伤保险条例》的规定，分别由工伤保险基金和用人单位支付工伤保险待遇；未依法为该职工缴纳工伤保险费的，由用人单位按照《工伤保险条例》规定的相关项目和标准支付待遇。

122. 工伤保险长期待遇能否一次性支付？

（1）根据《关于农民工参加工伤保险有关问题的通知》第四条规定，对跨省流动的农民工，即户籍不在参加工伤保险统筹地区（生产经营地）所在省（自治区、直辖市）的农民工，一级至四级伤残长期待遇的支付，可试行一次性支付和长期支付两种方式，供农民工选择。在农民工选择一次性或长期支付方式时，支付其工伤保险待遇的社会保险经办机构应向其说明情况。一次性享受工伤保险长期待遇的，需由农民工本人提出，与用人单位解除或者终止劳动关系，与统筹地区社会保险经办机构签订协议，终止工伤保险关系。一级至四级伤残农民工一次性享受工伤保险长期待遇的具体办法和标准由省（自治区、直辖市）劳动保障行政部门制定，报省（自治区、直辖市）人民政府批准。

（2）根据《关于印发工伤保险经办规程的通知》第五十九条规定，进城务工的农村居民申请一次性领取工伤保险长期待遇的，需本人和用人单位书面申请，业务部门应向其说明丧失按月领取长期待遇资格，并与待遇申请人签订一次性领取长期待遇协议，终止工伤保险关系。

（3）根据《人力资源社会保障部关于执行〈工伤保险条例〉若干问题的意见》第十三条规定，由工伤保险基金支付的各项待遇应按《工伤保险条例》相关规定支付，不得采取将长期待遇改为一次性支付的办法。

123. 企业破产、分立、合并、转让的工伤保险待遇如何处理？

（1）根据《工伤保险条例》第四十三条规定，企业破产的，在破产清算时依法拨付应当由单位支付的工伤保险待遇费用。

（2）根据《工伤保险条例》第四十三条规定，用人单位分立、合并、转让的，承继单位应当承担原用人单位的工伤保险责任；原用人单位已经参加工伤保险的，承继单位应当到当地经办机构办理工伤保险变更登记。

124. 供养亲属抚恤金中的供养亲属具体范围是什么？

根据《因工死亡职工供养亲属范围规定》规定：

（1）因工死亡职工供养亲属是指该职工的配偶、子女、父母、祖父母、外祖父母、孙子女、外孙子女、兄弟姐妹。

1）子女包括婚生子女、非婚生子女、养子女和有抚养关系的继子女，其中，婚生子女、非婚生子女包括遗腹子女。

2）父母包括生父母、养父母和有抚养关系的继父母。

3）兄弟姐妹包括同父母的兄弟姐妹、同父异母或者同母异父的兄弟姐妹、养兄弟姐妹、有抚养关系的继兄弟姐妹。

（2）上述规定的人员，依靠因工死亡职工生前提供主要生活来源，并有下列情形之一的，可按规定申请供养亲属抚恤金：

1）完全丧失劳动能力的。

2）工亡职工配偶男年满60周岁、女年满55周岁的。

3）工亡职工父母男年满60周岁、女年满55周岁的。

4）工亡职工子女未满18周岁的。

5）工亡职工父母均已死亡，其祖父、外祖父年满60周岁，祖母、外祖母年满55周岁的。

6）工亡职工子女已经死亡或完全丧失劳动能力，其孙子女、外孙子女未满18周岁的。

7）工亡职工父母均已死亡或完全丧失劳动能力，其兄弟姐妹未满18周岁的。

125. 工伤保险供养亲属抚恤金和职工基本养老保险抚恤金待遇如何选择？

根据《人力资源社会保障部关于执行〈工伤保险条例〉若干问题的意见（二）》第一条规定，一级至四级工伤职工死亡，其近亲属同时符合领取工伤保险丧葬补助金、供养亲属抚恤金待遇和职工基本养老保险丧葬补助金、抚恤金待遇条件的，由其近亲属选择领取工伤保险或职工基本养老保险其中一种。

126. 一级至四级伤残职工停工留薪期满死亡的待遇如何处理？

根据《工伤保险条例》第三十九条规定，一级至四级伤残职工在停工留薪期满后死亡的，其近亲属可以享受本条第一款第（一）项、第（二）项规定的待遇。即享受丧葬补助金和供养亲属抚恤金，不享受一次性工亡补助金。

127. 用人单位承担的工伤保险待遇项目及政策依据是什么？

表9 用人单位承担的工伤保险待遇项目及政策依据

序号	用人单位承担的工伤保险待遇项目	依据条款
1	停工留薪期工资福利待遇	《工伤保险条例》第三十三条
2	停工留薪期内护理	《工伤保险条例》第三十三条
3	五级至六级难以安排工作职工伤残津贴	《工伤保险条例》第三十六条
4	一次性伤残就业补助金	《工伤保险条例》第三十六条、第三十七条

128. 职工多次发生工伤的一次性伤残就业补助金如何计发?

根据《人力资源社会保障部关于执行〈工伤保险条例〉若干问题的意见》第十条规定,职工在同一用人单位连续工作期间多次发生工伤的,符合《工伤保险条例》第三十六条、第三十七条规定领取相关待遇时,按照其在同一用人单位发生工伤的最高伤残级别,计发一次性伤残就业补助金和一次性工伤医疗补助金。

129. 工伤保险待遇先行支付有哪些适用情形?

(1)根据《关于印发工伤保险经办规程的通知》第七十八条规定,职工申请工伤保险先行支付必须经过工伤认定,按照本规程第五十四条由用人单位、工伤职工或近亲属申请进行工伤登记。

(2)根据《社会保险基金先行支付暂行办法》第四条规定,个人由于第三人的侵权行为造成伤病被认定为工伤,第三人不支付工伤医疗费用或者无法确定第三人的,个人或者其近亲属可以向社会保险经办机构书面申请工伤保险基金先行支付,并告知第三人不支付或者无法确定第三人的情况。

(3)根据《社会保险基金先行支付暂行办法》第六条规定,职工所在用人单位未依法缴纳工伤保险费,发生工伤事故的,用人单位应当采取措施及时救治,并按照规定的工伤保险待遇项目和标准支付费用。

职工被认定为工伤后,有下列情形之一的,职工或者其近亲属可以持工伤认定决定书和有关材料向社会保险经办机构书面申请先行支付工伤保险待遇：

1）用人单位被依法吊销营业执照或者撤销登记、备案的。

2）用人单位拒绝支付全部或者部分费用的。

3）依法经仲裁、诉讼后仍不能获得工伤保险待遇，法院出具中止执行文书的。

4）职工认为用人单位不支付的其他情形。

130. 未参保职工参保如何补缴有关费用？

（1）根据《工伤保险条例》第六十二条规定，用人单位参加工伤保险并补缴应当缴纳的工伤保险费、滞纳金后，由工伤保险基金和用人单位依照本条例的规定支付新发生的费用。

（2）根据《人力资源社会保障部关于执行〈工伤保险条例〉若干问题的意见》第十二条规定，《工伤保险条例》第六十二条第三款规定的"新发生的费用"，是指用人单位职工参加工伤保险前发生工伤的，在参加工伤保险后新发生的费用。

（3）根据《人力资源社会保障部关于执行〈工伤保险条例〉若干问题的意见（二）》第三条规定，《工伤保险条例》第六十二条规定的"新发生的费用"，是指用人单位参加工伤保险前发生工伤的职工，在参加工伤保险后新发生的费用。其中由工伤保险基金支付的费用，按不同情况予以处理：

1）因工受伤的，支付参保后新发生的工伤医疗费、工伤康复费、住院伙食补助费、统筹地区以外就医交通食宿费、辅助器具配置费、生活护理费、一级至四级伤残职工伤残津贴，以及参保后解除劳动合同时的一次性工伤医疗补助金。

2)因工死亡的,按表 10 支付参保后新发生的符合条件的供养亲属抚恤金。

表 10 因工死亡的应支付新发生的工伤保险待遇项目

类别	序号	因工死亡的应支付新发生的工伤保险待遇项目
伤残	1	工伤医疗费
	2	工伤康复费
	3	住院伙食补助费
	4	统筹地区以外就医交通食宿费
	5	辅助器具配置费
	6	生活护理费
	7	一级至四级工伤职工伤残津贴
	8	参保后解除劳动合同时的一次性工伤医疗补助金
死亡	9	供养亲属抚恤金

(4)新发生的费用,按各项待遇产生的时点开始支付,具体根据各地待遇支付起始时点对应的规定执行。

附　　录

附录1　不同伤残等级情况下的工伤保险待遇

1. 一级伤残职工可能涉及的工伤保险待遇

序号	项目	计算公式	支付方	支付方式	备注
1	工伤医疗费	可报销部分费用×100%	参保人：基金支付 非参保人：用人单位支付	一次性支付	—
2	工伤康复费	可报销部分费用×100%			—
3	住院治疗工伤的伙食补助费	住院时间（天）×当地标准			—
4	到统筹地区以外就医交通食宿费	按当地标准			—
5	辅助器具配置费	不超过上限标准×100%			—
6	一次性伤残补助金	本人工资（元/月）×27个月			—
7	伤残津贴	本人工资（元/月）×90%		按月支付	不低于最低工资标准
8	生活护理费	统筹地区上年度职工月平均工资×相应护理等级百分比			—
9	停工留薪期工资福利待遇	停工留薪期（月）×原工资福利标准×100%	参保人、非参保人均由用人单位支付	按月或一次性支付	原工资福利待遇不变
10	停工留薪期内护理	停工留薪期（月）×月核定的护理费×100%			—

2. 二级伤残职工可能涉及的工伤保险待遇

序号	项目	计算公式	支付方	支付方式	备注
1	工伤医疗费	可报销部分费用×100%	参保人：基金支付 非参保人：用人单位支付	一次性支付	—
2	工伤康复费	可报销部分费用×100%			
3	住院治疗工伤的伙食补助费	住院时间（天）×当地标准			
4	到统筹地区以外就医交通食宿费	按当地标准			—
5	辅助器具配置费	不超过上限标准×100%			
6	一次性伤残补助金	本人工资（元/月）×25个月			
7	伤残津贴	本人工资（元/月）×85%		按月支付	不低于最低工资标准
8	生活护理费	统筹地区上年度职工月平均工资×相应护理等级百分比			—
9	停工留薪期工资福利待遇	停工留薪期（月）×原工资福利标准×100%	参保人、非参保人均由用人单位支付	按月或一次性支付	原工资福利待遇不变
10	停工留薪期内护理	停工留薪期（月）×月核定的护理费×100%			—

3. 三级伤残职工可能涉及的工伤保险待遇

序号	项目	计算公式	支付方	支付方式	备注
1	工伤医疗费	可报销部分费用×100%	参保人：基金支付 非参保人：用人单位支付	一次性支付	—
2	工伤康复费	可报销部分费用×100%			
3	住院治疗工伤的伙食补助费	住院时间（天）×当地标准			
4	到统筹地区以外就医交通食宿费	按当地标准			
5	辅助器具配置费	不超过上限标准×100%			
6	一次性伤残补助金	本人工资（元/月）×23个月			
7	伤残津贴	本人工资（元/月）×80%		按月支付	不低于最低工资标准
8	生活护理费	统筹地区上年度职工月平均工资×相应护理等级百分比			—
9	停工留薪期工资福利待遇	停工留薪期（月）×原工资福利标准×100%	参保人、非参保人均由用人单位支付	按月或一次性支付	原工资福利待遇不变
10	停工留薪期内护理	停工留薪期（月）×月核定的护理费×100%			—

4. 四级伤残职工可能涉及的工伤保险待遇

序号	项目	计算公式	支付方	支付方式	备注
1	工伤医疗费	可报销部分费用×100%	参保人：基金支付 非参保人：用人单位支付	一次性支付	—
2	工伤康复费	可报销部分费用×100%			
3	住院治疗工伤的伙食补助费	住院时间（天）×当地标准			
4	到统筹地区以外就医交通食宿费	按当地标准			
5	辅助器具配置费	不超过上限标准×100%			
6	一次性伤残补助金	本人工资（元/月）×21个月			
7	伤残津贴	本人工资（元/月）×75%		按月支付	不低于最低工资标准
8	生活护理费	统筹地区上年度职工月平均工资×相应护理等级百分比			—
9	停工留薪期工资福利待遇	停工留薪期（月）×原工资福利标准×100%	参保人、非参保人均由用人单位支付	按月或一次性支付	原工资福利待遇不变
10	停工留薪期内护理	停工留薪期（月）×月核定的护理费×100%			—

5. 五级伤残职工可能涉及的工伤保险待遇

序号	项目	计算公式	支付方	支付方式	备注
1	工伤医疗费	可报销部分费用×100%	参保人：基金支付 非参保人：用人单位支付	一次性支付	—
2	工伤康复费	可报销部分费用×100%			
3	住院治疗工伤的伙食补助费	住院时间（天）×当地标准			
4	到统筹地区以外就医交通食宿费	按当地标准			
5	辅助器具配置费	不超过上限标准×100%			
6	一次性伤残补助金	本人工资（元/月）×18个月			
7	一次性工伤医疗补助金	按当地标准		—	解除或终止劳动关系
8	停工留薪期工资福利待遇	停工留薪期（月）×原工资福利标准×100%	参保人、非参保人均由用人单位支付	按月或一次性支付	原工资福利待遇不变
9	停工留薪期内护理	停工留薪期（月）×月核定的护理费×100%		按月或一次性支付	—
10	鉴定等级后保留劳动关系期间伤残津贴	本人工资（元/月）×60%		按月支付	难以安排工作
11	一次性伤残就业补助金	按当地标准		一次性支付	经工伤职工本人提出解除劳动关系

6.六级伤残职工可能涉及的工伤保险待遇

序号	项目	计算公式	支付方	支付方式	备注
1	工伤医疗费	可报销部分费用×100%	参保人：基金支付 非参保人：用人单位支付	一次性支付	—
2	工伤康复费	可报销部分费用×100%			
3	住院治疗工伤的伙食补助费	住院时间（天）×当地标准			
4	到统筹地区以外就医交通食宿费	按当地标准			
5	辅助器具配置费	不超过上限标准×100%			
6	一次性伤残补助金	本人工资（元/月）×16个月			
7	一次性工伤医疗补助金	按当地标准		—	解除或终止劳动关系
8	停工留薪期工资福利待遇	停工留薪期（月）×原工资福利标准×100%	参保人、非参保人均由用人单位支付	按月或一次性支付	原工资福利待遇不变
9	停工留薪期内护理	停工留薪期（月）×月核定的护理费×100%		按月或一次性支付	—
10	鉴定等级后保留劳动关系期间伤残津贴	本人工资（元/月）×60%		按月支付	难以安排工作
11	一次性伤残就业补助金	按当地标准		一次性支付	经工伤职工本人提出解除劳动关系

7. 七级伤残职工可能涉及的工伤保险待遇

序号	项目	计算公式	支付方	支付方式	备注
1	工伤医疗费	可报销部分费用×100%	参保人：基金支付 非参保人：用人单位支付	一次性支付	—
2	工伤康复费	可报销部分费用×100%			
3	住院治疗工伤的伙食补助费	住院时间（天）×当地标准			
4	到统筹地区以外就医交通食宿费	按当地标准			
5	辅助器具配置费	不超过上限标准×100%			
6	一次性伤残补助金	本人工资（元/月）×13个月			
7	一次性工伤医疗补助金	按当地标准			解除或终止劳动关系
8	停工留薪期工资福利待遇	停工留薪期（月）×原工资福利标准×100%	参保人、非参保人均由用人单位支付	按月或一次性支付	原工资福利待遇不变
9	停工留薪期内护理	停工留薪期（月）×月核定的护理费×100%		按月或一次性支付	—
10	一次性伤残就业补助金	按当地标准		一次性支付	解除工伤保险关系时执行

8. 八级伤残职工可能涉及的工伤保险待遇

序号	项目	计算公式	支付方	支付方式	备注
1	工伤医疗费	可报销部分费用×100%	参保人：基金支付 非参保人：用人单位支付	一次性支付	—
2	工伤康复费	可报销部分费用×100%			
3	住院治疗工伤的伙食补助费	住院时间（天）×当地标准			
4	到统筹地区以外就医交通食宿费	按当地标准			
5	辅助器具配置费	不超过上限标准×100%			
6	一次性伤残补助金	本人工资（元/月）×11个月			
7	一次性工伤医疗补助金	按当地标准			解除或终止劳动关系
8	停工留薪期工资福利待遇	停工留薪期（月）×原工资福利标准×100%	参保人、非参保人均由用人单位支付	按月或一次性支付	原工资福利待遇不变
9	停工留薪期内护理	停工留薪期（月）×月核定的护理费×100%		按月或一次性支付	—
10	一次性伤残就业补助金	按当地标准		一次性支付	解除或终止劳动关系

9. 九级伤残职工可能涉及的工伤保险待遇

序号	项目	计算公式	支付方	支付方式	备注
1	工伤医疗费	可报销部分费用×100%	参保人：基金支付 非参保人：用人单位支付	一次性支付	—
2	工伤康复费	可报销部分费用×100%			
3	住院治疗工伤的伙食补助费	住院时间（天）×当地标准			
4	到统筹地区以外就医交通食宿费	按当地标准			
5	辅助器具配置费	不超过上限标准×100%			
6	一次性伤残补助金	本人工资（元/月）×9个月			
7	一次性工伤医疗补助金	按当地标准			解除或终止劳动关系
8	停工留薪期工资福利待遇	停工留薪期（月）×原工资福利标准×100%	参保人、非参保人均由用人单位支付	按月或一次性支付	原工资福利待遇不变
9	停工留薪期内护理	停工留薪期（月）×月核定的护理费×100%		按月或一次性支付	—
10	一次性伤残就业补助金	按当地标准		一次性支付	解除或终止劳动关系

10. 十级伤残职工可能涉及的工伤保险待遇

序号	项目	计算公式	支付方	支付方式	备注
1	工伤医疗费	可报销部分费用×100%	参保人：基金支付 非参保人：用人单位支付	一次性支付	—
2	工伤康复费	可报销部分费用×100%			
3	住院治疗工伤的伙食补助费	住院时间（天）×当地标准			
4	到统筹地区以外就医交通食宿费	按当地标准			
5	辅助器具配置费	不超过上限标准×100%			
6	一次性伤残补助金	本人工资（元/月）×7个月			
7	一次性工伤医疗补助金	按当地标准			解除或终止劳动关系
8	停工留薪期工资福利待遇	停工留薪期（月）×原工资福利标准×100%	参保人、非参保人均由用人单位支付	按月或一次性支付	原工资福利待遇不变
9	停工留薪期内护理	停工留薪期（月）×月核定的护理费×100%		按月或一次性支付	—
10	一次性伤残就业补助金	按当地标准		一次性支付	解除或终止劳动关系

11. 未达到伤残等级职工可能涉及的工伤保险待遇

序号	项目	计算公式	支付方	支付方式	备注
1	工伤医疗费	可报销部分费用×100%	参保人：基金支付 非参保人：用人单位支付	一次性支付	—
2	工伤康复费	可报销部分费用×100%			
3	住院治疗工伤的伙食补助费	住院时间（天）×当地标准			
4	到统筹地区以外就医交通食宿费	按当地标准			
5	停工留薪期工资福利待遇	停工留薪期（月）×原工资福利标准×100%	参保人、非参保人均由用人单位支付	按月或一次性支付	原工资福利待遇不变
6	停工留薪期内护理	停工留薪期（月）×月核定的护理费×100%		按月或一次性支付	—

12.因工死亡职工及其家属可能涉及的工伤保险待遇

序号	项目	计算公式		支付方	支付方式	备注
1	工伤医疗费	可报销部分费用×100%		参保人：基金支付 非参保人：用人单位支付	一次性支付	—
2	工伤康复费	可报销部分费用×100%				
3	住院治疗工伤的伙食补助费	住院时间（天）×当地标准				
4	到统筹地区以外就医交通食宿费	按当地标准				
5	辅助器具配置费	不超过上限标准×100%				
6	停工留薪期工资福利待遇	停工留薪期（月）×原工资福利标准×100%		参保人、非参保人均由用人单位支付	按月或一次性支付	原工资福利待遇不变
7	停工留薪期内护理	停工留薪期（月）×月核定的护理费×100%				—
8	丧葬补助金	统筹地区上年度职工月平均工资（元/月）×6个月		参保人：基金支付 非参保人：用人单位支付	一次性支付	
9	一次性工亡补助金	上一年度全国城镇居民人均可支配收入×20倍				一级至四级伤残职工在停工留薪期满后死亡的不得享受
10	供养亲属抚恤金	符合条件的配偶	本人工资（元/月）×40%		通过生存认证后发放	领取抚恤金的总和不得高于职工本人工资 适时调整，具体办法由省、自治区、直辖市人民政府规定
		符合条件的其他亲属	本人工资（元/月）×30%			
		符合条件的孤寡老人或者孤儿	本人工资（元/月）×上述标准基础上增加10%			

附录2 工伤保险相关法律法规、规章、文件目录

综合类

（1）中华人民共和国社会保险法（中华人民共和国主席令第35号）

（2）中华人民共和国劳动法（中华人民共和国主席令第28号）

（3）中华人民共和国工会法（中华人民共和国主席令第57号）

（4）中华人民共和国劳动合同法（中华人民共和国主席令第65号）

（5）中华人民共和国劳动争议调解仲裁法（中华人民共和国主席令第80号）

（6）中华人民共和国职业病防治法（中华人民共和国主席令第60号）

（7）工伤保险条例（中华人民共和国国务院令第375号）

（8）中华人民共和国尘肺病防治条例（国发〔1987〕105号）

（9）劳动保障监察条例（中华人民共和国国务院令第423号）

（10）实施《中华人民共和国社会保险法》若干规定（人力资源和社会保障部令第13号）

（11）社会保险行政争议处理办法（劳动和社会保障部令第13号）

（12）人力资源社会保障行政复议办法（人力资源和

社会保障部令第6号)

(13) 社会保险基金监督举报工作管理办法(劳动和社会保障令第11号)

(14) 社会保险基金行政监督办法(劳动和社会保障部令第12号)

(15) 社会保险稽核办法(劳动和社会保障部令第16号)

(16) 人力资源社会保障部关于执行《工伤保险条例》若干问题的意见(人社部发〔2013〕34号)

(17) 人力资源社会保障部关于执行《工伤保险条例》若干问题的意见(二)(人社部发〔2016〕29号)

(18) 劳动和社会保障部关于实施《工伤保险条例》若干问题的意见(劳社部函〔2004〕256号)

(19) 关于印发工伤保险经办规程的通知(人社部发〔2012〕11号)

(20) 社会保险业务档案管理规定(试行)(人力资源和社会保障部、国家档案局令第3号)

(21) 劳动和社会保障部关于印发《社会保险经办机构内部控制暂行办法》的通知(劳社部发〔2007〕2号)

参保缴费

(22) 社会保险费征缴暂行条例(中华人民共和国国务院令第259号)

(23) 社会保险登记管理暂行办法(劳动和社会保障部令第1号)

(24) 部分行业企业工伤保险费缴纳办法(人力资源和社会保障部令第10号)

(25) 在中国境内就业的外国人参加社会保险暂行办

法（人力资源和社会保障部令第16号）

（26）社会保险费申报缴纳管理规定（人力资源和社会保障部令第20号）

（27）关于农民工参加工伤保险有关问题的通知（劳社部发〔2004〕18号）

（28）关于贯彻《安全生产许可证条例》做好企业参加工伤保险有关工作的通知（劳社部发〔2005〕8号）

（29）关于进一步做好中央企业工伤保险工作有关问题的通知（劳社部发〔2007〕36号）

（30）关于加强工伤保险医疗服务协议管理工作的通知（劳社部发〔2007〕7号）

（31）关于推进工伤保险市级统筹有关问题的通知（人社部发〔2010〕20号）

（32）人力资源社会保障部　财政部关于进一步做好事业单位等参加工伤保险工作有关问题的通知（人社部发〔2012〕67号）

（33）人力资源社会保障部　住房城乡建设部　安全监管总局　全国总工会关于进一步做好建筑业工伤保险工作的意见（人社部发〔2014〕103号）

（34）人力资源社会保障部　财政部关于调整工伤保险费率政策的通知（人社部发〔2015〕71号）

（35）人力资源社会保障部　财政部关于做好工伤保险费率调整工作进一步加强基金管理的指导意见（人社部发〔2015〕72号）

（36）关于铁路企业参加工伤保险有关问题的通知（劳社部函〔2004〕257号）

（37）人力资源社会保障部办公厅关于开展建筑业"同舟计划"——建筑业工伤保险专项扩面行动计划的通知（人社厅发〔2015〕43号）

(38) 人力资源社会保障部办公厅关于加快推进建筑业工伤保险工作的通知 (人社厅发〔2016〕43号)

(39) 人力资源社会保障部办公厅关于进一步做好建筑业工伤保险工作的通知 (人社厅函〔2017〕53号)

工伤预防

(40) 中华人民共和国安全生产法 (中华人民共和国主席令第70号)

(41) 中华人民共和国道路交通安全法 (中华人民共和国主席令第81号)

(42) 使用有毒物品作业场所劳动保护条例 (中华人民共和国国务院令第352号)

(43) 禁止使用童工规定 (中华人民共和国国务院令第364号)

(44) 安全生产许可证条例 (中华人民共和国国务院令第397号)

(45) 生产安全事故报告和调查处理条例 (中华人民共和国国务院令第493号)

(46) 女职工劳动保护特别规定 (中华人民共和国国务院令第619号)

(47) 未成年工特殊保护规定 (劳部发〔1994〕498号)

(48) 人力资源社会保障部　财政部　国家卫生计生委　国家安全监管总局关于印发工伤预防费使用管理暂行办法的通知 (人社部规〔2017〕13号)

(49) 人力资源社会保障部关于进一步做好工伤预防试点工作的通知 (人社部发〔2013〕32号)

(50) 人力资源社会保障部办公厅关于确认工伤预防试点城市的通知 (人社厅发〔2013〕111号)

（51）关于同意北京市为全国工伤预防试点城市的通知（人社厅发〔2015〕119号）

（52）关于确认贵州省为全国工伤预防试点地区的函（人社厅函〔2016〕123号）

（53）关于确认青海省为全国工伤预防试点地区的复函（人社厅函〔2016〕184号）

（54）关于加强用人单位职业卫生培训工作的通知（安监总厅安健〔2015〕121号）

（55）关于印发《职业病危害因素分类目录》的通知（国卫疾控发〔2015〕92号）

（56）关于印发加强农民工尘肺病防治工作的意见的通知（国卫疾控发〔2016〕2号）

（57）关于印发防暑降温措施管理办法的通知（安监总安健〔2012〕89号）

工伤认定

（58）中华人民共和国行政诉讼法（中华人民共和国主席令第16号）

（59）中华人民共和国行政复议法（中华人民共和国主席令第16号）

（60）中华人民共和国行政处罚法（中华人民共和国主席令第63号）

（61）国务院关于职工工作时间的规定（中华人民共和国国务院令第174号）

（62）工伤认定办法（人力资源和社会保障部令第8号）

（63）职业病诊断与鉴定管理办法（卫生部令第91号）

(64)职业病危害项目申报办法(国家安全生产监督管理总局令第48号)

(65)劳动人事争议仲裁办案规则(人力资源和社会保障部令第2号)

(66)国家卫生计生委等4部门关于印发《职业病分类和目录》的通知(国卫疾控发〔2013〕48号)

(67)《国务院关于职工工作时间的规定》问题解答(劳部发〔1995〕187号)

(68)关于确立劳动关系有关事项的通知(劳社部发〔2005〕12号)

(69)卫生部关于进一步加强职业病诊断与鉴定管理工作的通知(卫监督发〔2009〕82号)

(70)最高人民法院关于审理工伤保险行政案件若干问题的规定(法释〔2014〕9号)

(71)最高人民法院关于适用《中华人民共和国行政诉讼法》若干问题的解释(法释〔2015〕9号)

工伤医疗

(72)《关于加强工伤保险医疗服务协议管理工作的通知》(劳社部发〔2007〕7号)

工伤康复

(73)人力资源社会保障部关于印发《工伤康复服务项目(试行)》和《工伤康复服务规范(试行)》(修订版)的通知(人社部发〔2013〕30号)

(74)关于设立公布第一批区域性工伤康复示范平台名单有关问题的通知(人社厅发〔2015〕178号)

劳动能力鉴定

（75）工伤职工劳动能力鉴定管理办法（人力资源和社会保障部、国家卫生和计划生育委员会令第21号）

（76）关于印发《职工非因工伤残或因病丧失劳动能力程度鉴定标准（试行）》的通知（劳社部发〔2002〕8号）

（77）人力资源社会保障部关于实施修订后劳动能力鉴定标准有关问题处理意见的通知（人社部发〔2014〕81号）

（78）GB/T 16180—2014 劳动能力鉴定　职工工伤与职业病致残等级

劳动能力确认

（79）工伤保险辅助器具配置管理办法（人力资源和社会保障部、民政部、国家卫生和计划生育委员会令第27号）

（80）关于印发工伤保险辅助器具配置目录的通知（人社厅函〔2012〕381号）

工伤保险待遇

（81）军人抚恤优待条例（中华人民共和国国务院、中华人民共和国中央军事委员会令第602号）

（82）伤残抚恤管理办法（民政部令第34号）

（83）因工死亡职工供养亲属范围规定（劳动和社会保障部令第18号）

（84）非法用工单位伤亡人员一次性赔偿办法（人力资源和社会保障部令第9号）

（85）社会保险基金先行支付暂行办法（人力资源和社会保障部令第 15 号）

（86）关于工资总额组成的规定（国家统计局令第 1 号）

工伤保险权益记录

（87）社会保险个人权益记录管理办法（人力资源和社会保障部令第 14 号）

附录3 中华人民共和国社会保险法(节选)

(2010年10月28日第十一届全国人民代表大会常务委员会第十七次会议通过 根据2018年12月29日第十三届全国人民代表大会常务委员会第七次会议《关于修改〈中华人民共和国社会保险法〉的决定》修正)

第四章 工伤保险

第三十三条 职工应当参加工伤保险,由用人单位缴纳工伤保险费,职工不缴纳工伤保险费。

第三十四条 国家根据不同行业的工伤风险程度确定行业的差别费率,并根据使用工伤保险基金、工伤发生率等情况在每个行业内确定费率档次。行业差别费率和行业内费率档次由国务院社会保险行政部门制定,报国务院批准后公布施行。

社会保险经办机构根据用人单位使用工伤保险基金、工伤发生率和所属行业费率档次等情况,确定用人单位缴费费率。

第三十五条 用人单位应当按照本单位职工工资总额,根据社会保险经办机构确定的费率缴纳工伤保险费。

第三十六条 职工因工作原因受到事故伤害或者患职业病,且经工伤认定的,享受工伤保险待遇;其中,经劳动能力鉴定丧失劳动能力的,享受伤残待遇。

工伤认定和劳动能力鉴定应当简捷、方便。

第三十七条 职工因下列情形之一导致本人在工作中伤亡的,不认定为工伤:

(一)故意犯罪;
(二)醉酒或者吸毒;

（三）自残或者自杀；

（四）法律、行政法规规定的其他情形。

第三十八条 因工伤发生的下列费用，按照国家规定从工伤保险基金中支付：

（一）治疗工伤的医疗费用和康复费用；

（二）住院伙食补助费；

（三）到统筹地区以外就医的交通食宿费；

（四）安装配置伤残辅助器具所需费用；

（五）生活不能自理的，经劳动能力鉴定委员会确认的生活护理费；

（六）一次性伤残补助金和一至四级伤残职工按月领取的伤残津贴；

（七）终止或者解除劳动合同时，应当享受的一次性医疗补助金；

（八）因工死亡的，其遗属领取的丧葬补助金、供养亲属抚恤金和因工死亡补助金；

（九）劳动能力鉴定费。

第三十九条 因工伤发生的下列费用，按照国家规定由用人单位支付：

（一）治疗工伤期间的工资福利；

（二）五级、六级伤残职工按月领取的伤残津贴；

（三）终止或者解除劳动合同时，应当享受的一次性伤残就业补助金。

第四十条 工伤职工符合领取基本养老金条件的，停发伤残津贴，享受基本养老保险待遇。基本养老保险待遇低于伤残津贴的，从工伤保险基金中补足差额。

第四十一条 职工所在用人单位未依法缴纳工伤保险费，发生工伤事故的，由用人单位支付工伤保险待遇。用人单位不支付的，从工伤保险基金中先行支付。

从工伤保险基金中先行支付的工伤保险待遇应当由用人单位偿还。用人单位不偿还的,社会保险经办机构可以依照本法第六十三条的规定追偿。

第四十二条 由于第三人的原因造成工伤,第三人不支付工伤医疗费用或者无法确定第三人的,由工伤保险基金先行支付。工伤保险基金先行支付后,有权向第三人追偿。

第四十三条 工伤职工有下列情形之一的,停止享受工伤保险待遇:

(一)丧失享受待遇条件的;

(二)拒不接受劳动能力鉴定的;

(三)拒绝治疗的。

附录4 工伤保险条例

（2003年4月16日国务院第5次常务会议讨论通过
2003年4月27日中华人民共和国国务院令第375号公布
根据2010年12月20日《国务院关于修改
〈工伤保险条例〉的决定》修订）

第一章 总 则

第一条 为了保障因工作遭受事故伤害或者患职业病的职工获得医疗救治和经济补偿，促进工伤预防和职业康复，分散用人单位的工伤风险，制定本条例。

第二条 中华人民共和国境内的企业、事业单位、社会团体、民办非企业单位、基金会、律师事务所、会计师事务所等组织和有雇工的个体工商户（以下称用人单位）应当依照本条例规定参加工伤保险，为本单位全部职工或者雇工（以下称职工）缴纳工伤保险费。

中华人民共和国境内的企业、事业单位、社会团体、民办非企业单位、基金会、律师事务所、会计师事务所等组织的职工和个体工商户的雇工，均有依照本条例的规定享受工伤保险待遇的权利。

第三条 工伤保险费的征缴按照《社会保险费征缴暂行条例》关于基本养老保险费、基本医疗保险费、失业保险费的征缴规定执行。

第四条 用人单位应当将参加工伤保险的有关情况在本单位内公示。

用人单位和职工应当遵守有关安全生产和职业病防治的法律法规，执行安全卫生规程和标准，预防工伤事故发生，避免和减少职业病危害。

职工发生工伤时，用人单位应当采取措施使工伤职工得到及时救治。

第五条　国务院社会保险行政部门负责全国的工伤保险工作。

县级以上地方各级人民政府社会保险行政部门负责本行政区域内的工伤保险工作。

社会保险行政部门按照国务院有关规定设立的社会保险经办机构（以下称经办机构）具体承办工伤保险事务。

第六条　社会保险行政部门等部门制定工伤保险的政策、标准，应当征求工会组织、用人单位代表的意见。

第二章　工伤保险基金

第七条　工伤保险基金由用人单位缴纳的工伤保险费、工伤保险基金的利息和依法纳入工伤保险基金的其他资金构成。

第八条　工伤保险费根据以支定收、收支平衡的原则，确定费率。

国家根据不同行业的工伤风险程度确定行业的差别费率，并根据工伤保险费使用、工伤发生率等情况在每个行业内确定若干费率档次。行业差别费率及行业内费率档次由国务院社会保险行政部门制定，报国务院批准后公布施行。

统筹地区经办机构根据用人单位工伤保险费使用、工伤发生率等情况，适用所属行业内相应的费率档次确定单位缴费费率。

第九条　国务院社会保险行政部门应当定期了解全

国各统筹地区工伤保险基金收支情况,及时提出调整行业差别费率及行业内费率档次的方案,报国务院批准后公布施行。

第十条 用人单位应当按时缴纳工伤保险费。职工个人不缴纳工伤保险费。

用人单位缴纳工伤保险费的数额为本单位职工工资总额乘以单位缴费费率之积。

对难以按照工资总额缴纳工伤保险费的行业,其缴纳工伤保险费的具体方式,由国务院社会保险行政部门规定。

第十一条 工伤保险基金逐步实行省级统筹。

跨地区、生产流动性较大的行业,可以采取相对集中的方式异地参加统筹地区的工伤保险。具体办法由国务院社会保险行政部门会同有关行业的主管部门制定。

第十二条 工伤保险基金存入社会保障基金财政专户,用于本条例规定的工伤保险待遇,劳动能力鉴定,工伤预防的宣传、培训等费用,以及法律、法规规定的用于工伤保险的其他费用的支付。

工伤预防费用的提取比例、使用和管理的具体办法,由国务院社会保险行政部门会同国务院财政、卫生行政、安全生产监督管理等部门规定。

任何单位或者个人不得将工伤保险基金用于投资运营、兴建或者改建办公场所、发放奖金,或者挪作其他用途。

第十三条 工伤保险基金应当留有一定比例的储备金,用于统筹地区重大事故的工伤保险待遇支付;储备金不足支付的,由统筹地区的人民政府垫付。储备金占基金总额的具体比例和储备金的使用办法,由省、自治区、直辖市人民政府规定。

第三章 工伤认定

第十四条 职工有下列情形之一的,应当认定为工伤:

(一)在工作时间和工作场所内,因工作原因受到事故伤害的;

(二)工作时间前后在工作场所内,从事与工作有关的预备性或者收尾性工作受到事故伤害的;

(三)在工作时间和工作场所内,因履行工作职责受到暴力等意外伤害的;

(四)患职业病的;

(五)因工外出期间,由于工作原因受到伤害或者发生事故下落不明的;

(六)在上下班途中,受到非本人主要责任的交通事故或者城市轨道交通、客运轮渡、火车事故伤害的;

(七)法律、行政法规规定应当认定为工伤的其他情形。

第十五条 职工有下列情形之一的,视同工伤:

(一)在工作时间和工作岗位,突发疾病死亡或者在48小时之内经抢救无效死亡的;

(二)在抢险救灾等维护国家利益、公共利益活动中受到伤害的;

(三)职工原在军队服役,因战、因公负伤致残,已取得革命伤残军人证,到用人单位后旧伤复发的。

职工有前款第(一)项、第(二)项情形的,按照本条例的有关规定享受工伤保险待遇;职工有前款第(三)项情形的,按照本条例的有关规定享受除一次性伤残补助金以外的工伤保险待遇。

第十六条 职工符合本条例第十四条、第十五条的规定，但是有下列情形之一的，不得认定为工伤或者视同工伤：

（一）故意犯罪的；

（二）醉酒或者吸毒的；

（三）自残或者自杀的。

第十七条 职工发生事故伤害或者按照职业病防治法规定被诊断、鉴定为职业病，所在单位应当自事故伤害发生之日或者被诊断、鉴定为职业病之日起30日内，向统筹地区社会保险行政部门提出工伤认定申请。遇有特殊情况，经报社会保险行政部门同意，申请时限可以适当延长。

用人单位未按前款规定提出工伤认定申请的，工伤职工或者其近亲属、工会组织在事故伤害发生之日或者被诊断、鉴定为职业病之日起1年内，可以直接向用人单位所在地统筹地区社会保险行政部门提出工伤认定申请。

按照本条第一款规定应当由省级社会保险行政部门进行工伤认定的事项，根据属地原则由用人单位所在地的设区的市级社会保险行政部门办理。

用人单位未在本条第一款规定的时限内提交工伤认定申请，在此期间发生符合本条例规定的工伤待遇等有关费用由该用人单位负担。

第十八条 提出工伤认定申请应当提交下列材料：

（一）工伤认定申请表；

（二）与用人单位存在劳动关系（包括事实劳动关系）的证明材料；

（三）医疗诊断证明或者职业病诊断证明书（或者职业病诊断鉴定书）。

工伤认定申请表应当包括事故发生的时间、地点、原因以及职工伤害程度等基本情况。

工伤认定申请人提供材料不完整的，社会保险行政部门应当一次性书面告知工伤认定申请人需要补正的全部材料。申请人按照书面告知要求补正材料后，社会保险行政部门应当受理。

第十九条　社会保险行政部门受理工伤认定申请后，根据审核需要可以对事故伤害进行调查核实，用人单位、职工、工会组织、医疗机构以及有关部门应当予以协助。职业病诊断和诊断争议的鉴定，依照职业病防治法的有关规定执行。对依法取得职业病诊断证明书或者职业病诊断鉴定书的，社会保险行政部门不再进行调查核实。

职工或者其近亲属认为是工伤，用人单位不认为是工伤的，由用人单位承担举证责任。

第二十条　社会保险行政部门应当自受理工伤认定申请之日起60日内作出工伤认定的决定，并书面通知申请工伤认定的职工或者其近亲属和该职工所在单位。

社会保险行政部门对受理的事实清楚、权利义务明确的工伤认定申请，应当在15日内作出工伤认定的决定。

作出工伤认定决定需要以司法机关或者有关行政主管部门的结论为依据的，在司法机关或者有关行政主管部门尚未作出结论期间，作出工伤认定决定的时限中止。

社会保险行政部门工作人员与工伤认定申请人有利害关系的，应当回避。

第四章　劳动能力鉴定

第二十一条　职工发生工伤，经治疗伤情相对稳定后存在残疾、影响劳动能力的，应当进行劳动能力鉴定。

第二十二条 劳动能力鉴定是指劳动功能障碍程度和生活自理障碍程度的等级鉴定。

劳动功能障碍分为十个伤残等级，最重的为一级，最轻的为十级。

生活自理障碍分为三个等级：生活完全不能自理、生活大部分不能自理和生活部分不能自理。

劳动能力鉴定标准由国务院社会保险行政部门会同国务院卫生行政部门等部门制定。

第二十三条 劳动能力鉴定由用人单位、工伤职工或者其近亲属向设区的市级劳动能力鉴定委员会提出申请，并提供工伤认定决定和职工工伤医疗的有关资料。

第二十四条 省、自治区、直辖市劳动能力鉴定委员会和设区的市级劳动能力鉴定委员会分别由省、自治区、直辖市和设区的市级社会保险行政部门、卫生行政部门、工会组织、经办机构代表以及用人单位代表组成。

劳动能力鉴定委员会建立医疗卫生专家库。列入专家库的医疗卫生专业技术人员应当具备下列条件：

（一）具有医疗卫生高级专业技术职务任职资格；

（二）掌握劳动能力鉴定的相关知识；

（三）具有良好的职业品德。

第二十五条 设区的市级劳动能力鉴定委员会收到劳动能力鉴定申请后，应当从其建立的医疗卫生专家库中随机抽取3名或者5名相关专家组成专家组，由专家组提出鉴定意见。设区的市级劳动能力鉴定委员会根据专家组的鉴定意见作出工伤职工劳动能力鉴定结论；必要时，可以委托具备资格的医疗机构协助进行有关的诊断。

设区的市级劳动能力鉴定委员会应当自收到劳动能

力鉴定申请之日起60日内作出劳动能力鉴定结论，必要时，作出劳动能力鉴定结论的期限可以延长30日。劳动能力鉴定结论应当及时送达申请鉴定的单位和个人。

第二十六条 申请鉴定的单位或者个人对设区的市级劳动能力鉴定委员会作出的鉴定结论不服的，可以在收到该鉴定结论之日起15日内向省、自治区、直辖市劳动能力鉴定委员会提出再次鉴定申请。省、自治区、直辖市劳动能力鉴定委员会作出的劳动能力鉴定结论为最终结论。

第二十七条 劳动能力鉴定工作应当客观、公正。劳动能力鉴定委员会组成人员或者参加鉴定的专家与当事人有利害关系的，应当回避。

第二十八条 自劳动能力鉴定结论作出之日起1年后，工伤职工或者其近亲属、所在单位或者经办机构认为伤残情况发生变化的，可以申请劳动能力复查鉴定。

第二十九条 劳动能力鉴定委员会依照本条例第二十六条和第二十八条的规定进行再次鉴定和复查鉴定的期限，依照本条例第二十五条第二款的规定执行。

第五章 工伤保险待遇

第三十条 职工因工作遭受事故伤害或者患职业病进行治疗，享受工伤医疗待遇。

职工治疗工伤应当在签订服务协议的医疗机构就医，情况紧急时可以先到就近的医疗机构急救。

治疗工伤所需费用符合工伤保险诊疗项目目录、工伤保险药品目录、工伤保险住院服务标准的，从工伤保险基金支付。工伤保险诊疗项目目录、工伤保险药品目录、工伤保险住院服务标准，由国务院社会保险行政部门会同国务院卫生行政部门、食品药品监督管理部门等部门规定。

职工住院治疗工伤的伙食补助费，以及经医疗机构出具证明，报经办机构同意，工伤职工到统筹地区以外就医所需的交通、食宿费用从工伤保险基金支付，基金支付的具体标准由统筹地区人民政府规定。

工伤职工治疗非工伤引发的疾病，不享受工伤医疗待遇，按照基本医疗保险办法处理。

工伤职工到签订服务协议的医疗机构进行工伤康复的费用，符合规定的，从工伤保险基金支付。

第三十一条 社会保险行政部门作出认定为工伤的决定后发生行政复议、行政诉讼的，行政复议和行政诉讼期间不停止支付工伤职工治疗工伤的医疗费用。

第三十二条 工伤职工因日常生活或者就业需要，经劳动能力鉴定委员会确认，可以安装假肢、矫形器、假眼、假牙和配置轮椅等辅助器具，所需费用按照国家规定的标准从工伤保险基金支付。

第三十三条 职工因工作遭受事故伤害或者患职业病需要暂停工作接受工伤医疗的，在停工留薪期内，原工资福利待遇不变，由所在单位按月支付。

停工留薪期一般不超过12个月。伤情严重或者情况特殊，经设区的市级劳动能力鉴定委员会确认，可以适当延长，但延长不得超过12个月。工伤职工评定伤残等级后，停发原待遇，按照本章的有关规定享受伤残待遇。工伤职工在停工留薪期满后仍需治疗的，继续享受工伤医疗待遇。

生活不能自理的工伤职工在停工留薪期需要护理的，由所在单位负责。

第三十四条 工伤职工已经评定伤残等级并经劳动能力鉴定委员会确认需要生活护理的，从工伤保险基金按月支付生活护理费。

生活护理费按照生活完全不能自理、生活大部分不能自理或者生活部分不能自理3个不同等级支付，其标准分别为统筹地区上年度职工月平均工资的50%、40%或者30%。

第三十五条 职工因工致残被鉴定为一级至四级伤残的，保留劳动关系，退出工作岗位，享受以下待遇：

（一）从工伤保险基金按伤残等级支付一次性伤残补助金，标准为：一级伤残为27个月的本人工资，二级伤残为25个月的本人工资，三级伤残为23个月的本人工资，四级伤残为21个月的本人工资。

（二）从工伤保险基金按月支付伤残津贴，标准为：一级伤残为本人工资的90%，二级伤残为本人工资的85%，三级伤残为本人工资的80%，四级伤残为本人工资的75%。伤残津贴实际金额低于当地最低工资标准的，由工伤保险基金补足差额。

（三）工伤职工达到退休年龄并办理退休手续后，停发伤残津贴，按照国家有关规定享受基本养老保险待遇。基本养老保险待遇低于伤残津贴的，由工伤保险基金补足差额。

职工因工致残被鉴定为一级至四级伤残的，由用人单位和职工个人以伤残津贴为基数，缴纳基本医疗保险费。

第三十六条 职工因工致残被鉴定为五级、六级伤残的，享受以下待遇：

（一）从工伤保险基金按伤残等级支付一次性伤残补助金，标准为：五级伤残为18个月的本人工资，六级伤残为16个月的本人工资；

（二）保留与用人单位的劳动关系，由用人单位安排适当工作。难以安排工作的,由用人单位按月发给伤残津贴,标准为:五级伤残为本人工资的70%,六级伤残为本人工资的60%,并由用人单位按照规定为其缴纳应缴纳的各项社会保险费。伤残津贴实际金额低于当地最低工资标准的,由用人单位补足差额。

经工伤职工本人提出,该职工可以与用人单位解除或者终止劳动关系,由工伤保险基金支付一次性工伤医疗补助金,由用人单位支付一次性伤残就业补助金。一次性工伤医疗补助金和一次性伤残就业补助金的具体标准由省、自治区、直辖市人民政府规定。

第三十七条 职工因工致残被鉴定为七级至十级伤残的,享受以下待遇:

(一)从工伤保险基金按伤残等级支付一次性伤残补助金,标准为:七级伤残为13个月的本人工资,八级伤残为11个月的本人工资,九级伤残为9个月的本人工资,十级伤残为7个月的本人工资;

(二)劳动、聘用合同期满终止,或者职工本人提出解除劳动、聘用合同的,由工伤保险基金支付一次性工伤医疗补助金,由用人单位支付一次性伤残就业补助金。一次性工伤医疗补助金和一次性伤残就业补助金的具体标准由省、自治区、直辖市人民政府规定。

第三十八条 工伤职工工伤复发,确认需要治疗的,享受本条例第三十条、第三十二条和第三十三条规定的工伤待遇。

第三十九条 职工因工死亡,其近亲属按照下列规定从工伤保险基金领取丧葬补助金、供养亲属抚恤金和一次性工亡补助金:

(一)丧葬补助金为6个月的统筹地区上年度职工月平均工资。

（二）供养亲属抚恤金按照职工本人工资的一定比例发给由因工死亡职工生前提供主要生活来源、无劳动能力的亲属。标准为：配偶每月40%，其他亲属每人每月30%，孤寡老人或者孤儿每人每月在上述标准的基础上增加10%。核定的各供养亲属的抚恤金之和不应高于因工死亡职工生前的工资。供养亲属的具体范围由国务院社会保险行政部门规定。

（三）一次性工亡补助金标准为上一年度全国城镇居民人均可支配收入的20倍。

伤残职工在停工留薪期内因工伤导致死亡的，其近亲属享受本条第一款规定的待遇。

一级至四级伤残职工在停工留薪期满后死亡的，其近亲属可以享受本条第一款第（一）项、第（二）项规定的待遇。

第四十条 伤残津贴、供养亲属抚恤金、生活护理费由统筹地区社会保险行政部门根据职工平均工资和生活费用变化等情况适时调整。调整办法由省、自治区、直辖市人民政府规定。

第四十一条 职工因工外出期间发生事故或者在抢险救灾中下落不明的，从事故发生当月起3个月内照发工资，从第4个月起停发工资，由工伤保险基金向其供养亲属按月支付供养亲属抚恤金。生活有困难的，可以预支一次性工亡补助金的50%。职工被人民法院宣告死亡的，按照本条例第三十九条职工因工死亡的规定处理。

第四十二条 工伤职工有下列情形之一的，停止享受工伤保险待遇：

（一）丧失享受待遇条件的；

（二）拒不接受劳动能力鉴定的；

（三）拒绝治疗的。

第四十三条 用人单位分立、合并、转让的,承继单位应当承担原用人单位的工伤保险责任;原用人单位已经参加工伤保险的,承继单位应当到当地经办机构办理工伤保险变更登记。

用人单位实行承包经营的,工伤保险责任由职工劳动关系所在单位承担。

职工被借调期间受到工伤事故伤害的,由原用人单位承担工伤保险责任,但原用人单位与借调单位可以约定补偿办法。

企业破产的,在破产清算时依法拨付应当由单位支付的工伤保险待遇费用。

第四十四条 职工被派遣出境工作,依据前往国家或者地区的法律应当参加当地工伤保险的,参加当地工伤保险,其国内工伤保险关系中止;不能参加当地工伤保险的,其国内工伤保险关系不中止。

第四十五条 职工再次发生工伤,根据规定应当享受伤残津贴的,按照新认定的伤残等级享受伤残津贴待遇。

第六章 监督管理

第四十六条 经办机构具体承办工伤保险事务,履行下列职责:

(一)根据省、自治区、直辖市人民政府规定,征收工伤保险费;

(二)核查用人单位的工资总额和职工人数,办理工伤保险登记,并负责保存用人单位缴费和职工享受工伤保险待遇情况的记录;

(三)进行工伤保险的调查、统计;

(四)按照规定管理工伤保险基金的支出;

（五）按照规定核定工伤保险待遇；

（六）为工伤职工或者其近亲属免费提供咨询服务。

第四十七条 经办机构与医疗机构、辅助器具配置机构在平等协商的基础上签订服务协议，并公布签订服务协议的医疗机构、辅助器具配置机构的名单。具体办法由国务院社会保险行政部门分别会同国务院卫生行政部门、民政部门等部门制定。

第四十八条 经办机构按照协议和国家有关目录、标准对工伤职工医疗费用、康复费用、辅助器具费用的使用情况进行核查，并按时足额结算费用。

第四十九条 经办机构应当定期公布工伤保险基金的收支情况，及时向社会保险行政部门提出调整费率的建议。

第五十条 社会保险行政部门、经办机构应当定期听取工伤职工、医疗机构、辅助器具配置机构以及社会各界对改进工伤保险工作的意见。

第五十一条 社会保险行政部门依法对工伤保险费的征缴和工伤保险基金的支付情况进行监督检查。

财政部门和审计机关依法对工伤保险基金的收支、管理情况进行监督。

第五十二条 任何组织和个人对有关工伤保险的违法行为，有权举报。社会保险行政部门对举报应当及时调查，按照规定处理，并为举报人保密。

第五十三条 工会组织依法维护工伤职工的合法权益，对用人单位的工伤保险工作实行监督。

第五十四条 职工与用人单位发生工伤待遇方面的争议，按照处理劳动争议的有关规定处理。

第五十五条 有下列情形之一的，有关单位或者个人可以依法申请行政复议，也可以依法向人民法院提起

行政诉讼:

（一）申请工伤认定的职工或者其近亲属、该职工所在单位对工伤认定申请不予受理的决定不服的；

（二）申请工伤认定的职工或者其近亲属、该职工所在单位对工伤认定结论不服的；

（三）用人单位对经办机构确定的单位缴费费率不服的；

（四）签订服务协议的医疗机构、辅助器具配置机构认为经办机构未履行有关协议或者规定的；

（五）工伤职工或者其近亲属对经办机构核定的工伤保险待遇有异议的。

第七章 法律责任

第五十六条 单位或者个人违反本条例第十二条规定挪用工伤保险基金，构成犯罪的，依法追究刑事责任；尚不构成犯罪的，依法给予处分或者纪律处分。被挪用的基金由社会保险行政部门追回，并入工伤保险基金；没收的违法所得依法上缴国库。

第五十七条 社会保险行政部门工作人员有下列情形之一的，依法给予处分；情节严重，构成犯罪的，依法追究刑事责任：

（一）无正当理由不受理工伤认定申请，或者弄虚作假将不符合工伤条件的人员认定为工伤职工的；

（二）未妥善保管申请工伤认定的证据材料，致使有关证据灭失的；

（三）收受当事人财物的。

第五十八条 经办机构有下列行为之一的，由社会保险行政部门责令改正，对直接负责的主管人员和其他责任人员依法给予纪律处分；情节严重，构成犯罪的，依法追究刑事责任；造成当事人经济损失的，由经办机构依法承担赔偿责任：

（一）未按规定保存用人单位缴费和职工享受工伤保险待遇情况记录的；

（二）不按规定核定工伤保险待遇的；

（三）收受当事人财物的。

第五十九条 医疗机构、辅助器具配置机构不按服务协议提供服务的，经办机构可以解除服务协议。

经办机构不按时足额结算费用的，由社会保险行政部门责令改正；医疗机构、辅助器具配置机构可以解除服务协议。

第六十条 用人单位、工伤职工或者其近亲属骗取工伤保险待遇，医疗机构、辅助器具配置机构骗取工伤保险基金支出的，由社会保险行政部门责令退还，处骗取金额2倍以上5倍以下的罚款；情节严重，构成犯罪的，依法追究刑事责任。

第六十一条 从事劳动能力鉴定的组织或者个人有下列情形之一的，由社会保险行政部门责令改正，处2 000元以上1万元以下的罚款；情节严重，构成犯罪的，依法追究刑事责任：

（一）提供虚假鉴定意见的；

（二）提供虚假诊断证明的；

（三）收受当事人财物的。

第六十二条 用人单位依照本条例规定应当参加工伤保险而未参加的，由社会保险行政部门责令限期参加，补缴应当缴纳的工伤保险费，并自欠缴之日起，按日加收万分之五的滞纳金；逾期仍不缴纳的，处欠缴数额1倍以上3倍以下的罚款。

依照本条例规定应当参加工伤保险而未参加工伤保

险的用人单位职工发生工伤的,由该用人单位按照本条例规定的工伤保险待遇项目和标准支付费用。

用人单位参加工伤保险并补缴应当缴纳的工伤保险费、滞纳金后,由工伤保险基金和用人单位依照本条例的规定支付新发生的费用。

第六十三条 用人单位违反本条例第十九条的规定,拒不协助社会保险行政部门对事故进行调查核实的,由社会保险行政部门责令改正,处2 000元以上2万元以下的罚款。

第八章 附 则

第六十四条 本条例所称工资总额,是指用人单位直接支付给本单位全部职工的劳动报酬总额。

本条例所称本人工资,是指工伤职工因工作遭受事故伤害或者患职业病前12个月平均月缴费工资。本人工资高于统筹地区职工平均工资300%的,按照统筹地区职工平均工资的300%计算;本人工资低于统筹地区职工平均工资60%的,按照统筹地区职工平均工资的60%计算。

第六十五条 公务员和参照公务员法管理的事业单位、社会团体的工作人员因工作遭受事故伤害或者患职业病的,由所在单位支付费用。具体办法由国务院社会保险行政部门会同国务院财政部门规定。

第六十六条 无营业执照或者未经依法登记、备案的单位以及被依法吊销营业执照或者撤销登记、备案的单位的职工受到事故伤害或者患职业病的,由该单位向伤残职工或者死亡职工的近亲属给予一次性赔偿,赔偿标准不得低于本条例规定的工伤保险待遇;用人单位不得使用童工,用人单位使用童工造成童工伤残、死亡的,由该单位向童工或者童工的近亲属给予一次性赔偿,赔偿标准不得低于本条例规定的工伤保险待遇。具体办法由国务院社会保险行政部门规定。

前款规定的伤残职工或者死亡职工的近亲属就赔偿数额与单位发生争议的，以及前款规定的童工或者童工的近亲属就赔偿数额与单位发生争议的，按照处理劳动争议的有关规定处理。

第六十七条 本条例自2004年1月1日起施行。本条例施行前已受到事故伤害或者患职业病的职工尚未完成工伤认定的，按照本条例的规定执行。